农民教育培训农业部“十二五”规划教材
新型职业农民培训系列教材
——经济作物系列

现代花生产业技术

朱　强　胡俊江　主　编

贾新旺　裴俊冰　魏长鸣　副主编

中国农业大学出版社
·北京·

内容简介

《现代花生产业技术》一书以问答方式重点介绍花生产业现状及发展趋势、品种选择、生产管理、高效种植模式、病虫草害防治及减灾技术、收获、储藏、加工及种子繁育等。

图书在版编目(CIP)数据

现代花生产业技术/朱强,胡俊江主编,—北京:中国农业大学出版社,2013.12

ISBN 978-7-5655-0878-3

Ⅰ.①现… Ⅱ.①朱…②胡… Ⅲ.①花生-栽培技术-技术培训-教材 Ⅳ.①S565.2

中国版本图书馆 CIP 数据核字(2013)第 309118 号

书　　名　现代花生产业技术
作　　者　朱　强　胡俊江　主编

策划编辑	张　蕊　陈肖安　汪春林	**责任编辑**	张　蕊
封面设计	郑　川	**责任校对**	王晓凤　陈　莹
出版发行	中国农业大学出版社		
社　　址	北京市海淀区圆明园西路 2 号	**邮政编码**	100193
电　　话	发行部 010-62818525,8625	读者服务部	010-62732336
	编辑部 010-62732617,2618	出　版　部	010-62733440
网　　址	http://www.cau.edu.cn/caup	**e-mail**	cbsszs@cau.edu.cn
经　　销	新华书店		
印　　刷	中煤涿州制图印刷厂		
版　　次	2014 年 1 月第 1 版　　2014 年 1 月第 1 次印刷		
规　　格	850×1 168　32 开本　5.125 印张　126 千字		
定　　价	13.00 元		

编写人员

主　编　朱　强　胡俊江

副主编　贾新旺　裴俊冰　魏长鸣

前言

农民是农业生产经营主体。开展农民教育培训，提高农民综合素质、生产技能和经营能力，是发展现代农业和建设社会主义新农村的重要举措。党中央、国务院高度重视农民教育培训工作，提出了“大力培育新型职业农民”的历史任务。为贯彻落实中央的战略部署，提高农民教育培训质量，同时也为各地培育新型职业农民提供基础保障——高质量教材，我们遵循农民教育培训的基本特点和规律，编写了《现代花生产业技术》培训教材。

《现代花生产业技术》是新型职业农民培训系列教材之一。该教材以问答方式介绍了花生产业现状及发展趋势、品种选择、生产管理、高效种植模式、病虫草害防治及减灾技术、收获、储藏、加工及种子繁育等内容，涵盖了花生产业的各个环节和关键技术，通俗易懂，具有很强的针对性和实用性，是新型职业农民培训的专用教材，也可作为花生生产人员、技术人员和管理人员培训教材和参考用书。

本书由河北省邯郸市农业学校胡俊江副校长、朱强及裴俊冰讲师和河北省大名县农业局高级农艺师贾新旺、江西省奉新县冶城职业学校魏长鸣高级教师共同编写，朱强、胡俊江担任主编，贾新旺、裴俊冰、魏长鸣担任副主编。北京农业职业学院迟全勃副教授、农业部科技教育司纪绍勤和原农业部农民科技教育培训中心陈肖安等同志对教材内容进行了审定，在此一并表示感谢。

由于编者水平有限，加之时间仓促，教材中不妥和错误之处在所难免。衷心希望广大读者提出宝贵意见，以期进一步修订和完善。

编　者

2013 年 9 月

目　录

一、花生产业现状及发展趋势

1.世界花生产业现状如何?

花生是世界主要油料作物之一，在世界各地广泛种植。目前世界种植花生的国家有 109 个，花生种植面积约 3.4 亿亩，年总产量约 3 500 万吨。其中花生总产量居前 5 位的国家是中国、印度、尼日利亚、美国、印度尼西亚。亚洲是世界花生生产最多的地区(占 70%)，印度和中国的种植规模约占亚洲地区的 90%，印度是世界花生种植面积第一大国，我国居第二，但总产量我国居第一位。非洲的花生种植规模仅次于亚洲，美洲花生种植规模位居世界第三位。全世界花生总产量中约 60%用来榨油，30%用来食用和食品加工，国际贸易量占总产量的比重较小。在美国、澳大利亚等发达国家，花生主要用于食品加工而很少榨油。中、美、阿根廷是主要的花生出口国，中国花生在国际市场上的份额达到 40%以上。

2.我国花生产业现状如何?

我国花生分布广泛,除西藏、青海、香港之外全国各地均有种植。近十几年来,我国花生种植面积经历了从快速增长到徘徊不前的过程。1998年全国首次超过6 000万亩,2000年首次突破7 000万亩,2003年达到7 585万亩的历史最高纪录。2004年以来全国花生种植面积呈下降趋势。2008—2010年,年均种植花生面积约6 360万亩,年总产量约1 350万吨,亩单产水平达到210千克,是世界水平的2倍。从我国油料作物生产来看,自2000年以来花生的播种面积约占油料作物播种面积的33%,总产约占我国油料作物的48.5%。我国花生主产区可分为黄淮海大花生产区、东北出口小花生产区、长江流域中大果产区、华南小花生产区4个优势产业区,分布在山东、河南、河北、安徽、广东、湖北、辽宁等14个省(区),其中山东、河南、河北面积总产居前三位,近年辽宁发展很快。

我国花生主要有三个用途:即油用,约占总产的56%;食用和食品加工,约占总产量的28%;出口贸易约占7%;此外,留种占9%左右。我国的花生制品种类较少,主要有花生烤果、糖果、花生酱、花生奶等十几种,相对于美国的上百种花生制品,产品开发明显薄弱。我国虽是最大的花生出口国(约占世界国际贸易量的42.3%),但主要出口原料类初级产品。山东出口约占全国的89%。

3.我国花生产业发展趋势如何?

花生产业发展的总体趋势是稳定种植面积,着力提高单产,不断增加总产,保障质量安全,提高综合效益和竞争力。一是稳定面积,优化布局。“十二五”期间全国花生种植面积达到7 000万亩,协调榨油型、出口专用型花生优势区均衡发展;二是主攻单产,改善品质。全国平均单产水平比现在提高30%,品种含油量在现有基础上提高5个百分点;三是精简种植,提高效益。提高花生播种、田管、收获机械化水平,减少花生劳动用工,提高种植综合效益。四是政府引导,市场运作。政府出台扶持花生产业化发展的政策措施,提高农民种植积极性和科学种植水平,提升企业精深加工水平和国际市场竞争力。

4.当前花生产业存在的主要问题是什么?

(1)生产发展不平衡。由于受气候条件、土壤地力、水利条件、耕作制度和栽培技术等影响,花生生产区域间发展极不平衡。从2009年统计数据看,全国花生单产最高省份达285千克/亩,最低省份仅为97千克/亩(1亩=

667 米²），二者相差近 2 倍。不但省际间单产水平有较大的差距，省内县域间差距也非常明显，如河南省单产最高县比最低县相差近 3 倍。此外，年际间发展也不平衡，河南 2007—2009 年三年花生平均单产分别为 263 千克/亩、268 千克/亩 和 282 千克/亩，年际间最大差距达 19 千克/亩。

（2）技术支撑不到位。优良新品种选育方面成果还不多，缺乏高含油量的专用品种、抗病抗逆性强的品种以及高蛋白、低脂肪的食品加工型品种；品种的油酸、亚油酸比值普遍偏低，不能满足花生出口需要；农业技术推广体系不健全，县、乡特别是最能发挥作用的乡级农业技术推广体系严重缺位，导致对农户技术指导缺失，成果转化率低；花生生产规模小且分散，机械化水平低，小型播种、收获机械缺乏，在农民大量外出务工、劳动力成本日益增加的今天，机械化已成为制约花生生产发展的重要因素。

（3）设施条件不配套。目前，大部分花生主产区农田基础设施薄弱，抵御自然灾害的能力不强。丘陵滩区缺乏相应的水利设施，旱灾是影响花生产量的主要因素；一些平原地区现有的水利设施老化损毁严重，泵井不配套，不能发挥应有的作用。在一些多雨易涝区，缺乏相应的排灌设施。

（4）产业运作不协调。由于受我国管理体制的制约，科研、生产、销售与加工分块设置，产前、产中、产后脱节现象严重。虽然近年来有所改善，但条块限制仍没有得到很好地解决。科研部门人力、物力、财力相对雄厚，技术推广部门的实力明显不足，一些主产区技术指导真空。花生的产业链条短，目前主要以榨油为主，花生蛋白的利用相对落后，精深加工程度低，对产业的带动能力不强。

(5)食品安全问题日趋突出。花生的无公害生产技术缺乏，绿色食品生产技术不普及，质量监测体系不够完善，近年来花生出口贸易中的黄曲霉毒素污染、重金属和农药残留超标等问题，已对我国花生产业健康持续发展带来严重的威胁。这些问题的产生，既有缺少资金扶持的因素，也跟各级部门不够重视、农业整体效益较差有关。

5. 针对花生产业存在问题有何应对措施？

(1)良种良法配套。品种上注重选育含油量高、抗病抗逆性强、单产高的优良品种，技术上以地膜覆盖、套种等为主，实现良种良法结合。同时，加强测土配方施肥、病虫害综合防治、抗黄曲霉毒素污染等先进实用技术的集成创新。

(2)农机农艺结合。推广机械整地、机械播种、机械收获等机械化作业技术与平衡施肥、病虫防治和防黄曲霉毒素污染等高产高效优质栽培技术模式，既减少生产作业成本，又提高单产和品质。

(3)生物技术与工程技术并重。利用现代生物技术提高花生高产稳产性、抗病抗逆性以及含油量等品质指标；利用现代工程技术，研制适宜花生机械作业的机具，提高生产效率。

(4)产量与质量协调。在不断提高单产水平的同时，根据不同用途，加强含油率、抗病抗逆、蛋白含量等内在品质指标优良的品种选育，同时要配套优质栽培技术，减少黄曲霉毒素污染，努力使产量和质量协调发展。

(5)行政与技术互动。农业行政主管部门和各级技术推广部门要各尽其责、密切配合、加强沟通、共同推动花生产业的发展。行政主管部门要积极争取扶持政策和资金，保障各项工作的顺利开展。技术部门要发挥优势，主动承担任务，当好参谋助手。

6.当前花生高效生产技术有何重要发展?

我国花生栽培技术研究与推广，在促进花生产业发展中起了重要的作用。其成就可概括为：现代科学技术与传统精细农艺结合，以推广高产、早熟、抗病、耐密、优质品种为突破口，改进施肥和灌溉技术，推广化控技术、垄作技术、麦套花生种植技术、化学除草技术，扩大覆膜栽培面积，使花生品种的增产潜力得到充分发挥。花生栽培技术大体经历春播高产栽培、促早栽培、优质栽培、无公害栽培、免耕及机械化栽培几个阶段。春播高产栽培是花生高产栽培的基础，集传统精细耕作的精华与现代技术结合，实现了花生单产的新突破。促早栽培是适应我国人多地少国情需要，提高复种指数的有效突破。优质栽培和无公害栽培是保证花生产品质量的重要栽培技术改革和生产管理规范。免耕和机械化栽培是以降低成本，提高效益为目的，减小劳动强度、提高劳动效率的现代化栽培技术，是花生栽培技术的发展方向。

7.花生生产技术未来研发重点及推广方向是什么?

(1)大力培育推广高产高油优质花生品种。目前，全国推广的主要花生品种含油量在47%～57%，其中大多数品种在51%～53%，遗传上花生含油量可达到63%，高产品种达到60%是可行的。

(2)集成和推广高产高效栽培技术。包括花生起垄栽培技术、地膜覆盖栽培技术和优化施肥技术。

(3)集成和推广高效安全的植保技术(病虫害防治/黄曲霉菌毒素污染控制)。

(4)全面提升花生生产机械化水平(全程机械化)。

(5)更加重视花生食用卫生安全,提高加工技术水平(重点防治黄曲霉菌毒素污染)。

8.我国花生产业在食用油安全中有何重要地位?

近几年我国油料供求矛盾日益突出,据统计,我国人均食用植物油消耗量从1978年1.6千克上升到2009年18千克,增长了10.25倍,并仍呈增长态势。与此相反,中国油料作物种植面积却不断减少,生产自给率越来越低,60%以上依赖进口原料或直接进口食用原油。在主要油料作物中,花生单产220千克/亩左右,油菜籽单产120千克/亩左右,大豆单产110千克/亩左右,花生出油率45%~50%,菜籽出油率35%左右,大豆出油率18%左右,单位面积花生产油量是大豆的4倍、油菜的2倍。目前,我国花生油年产量2 300吨左右,占国内油脂总供给量的1/4左右。由于花生单产高、出油率较高、品质好等优点,因此发展花生产业可极大地提高我国食用油供给能力。

9.花生食品加工前景如何?

花生具有富油、富蛋白的双重性,目前我国花生仍以榨油为主,占总量的55%,用于直接食用和食品加工的仅占总量的30%。长期以来,我国偏重于花生油的榨取,忽视花生原料中的蛋白质的利用,近年来随着科技进步,人们膳食结构改善,国内食品及工业开始注意到油脂或蛋白质兼取技术是花生食品产业发展的必然。

用脱脂或半脱脂的花生可加工成花生蛋白粉、组织蛋白、分离蛋白、浓缩蛋白,这些蛋白粉是食品工业的重要原料,既可直接用于制作焙烤食品,也可与其他动、植物蛋白混合制作肉制品、乳制品和糖果等。花生蛋白可用以制作面包、面条、饼干及其他糕点的添加剂、强化剂,既能提高食品的营养价值,又能改善食品的功能特性。如用花生蛋白和牛奶生产的混合乳,非常适合学龄前儿童食用,混合乳的各种氨基酸含量,大部分高于联合国推荐标准。花生在改变人类食物结构、提高人民生活水平方面,将发挥越来越大的作用。

二、品种选择

10. 花生品种有哪些类型?

(1)普通型。主茎上不开花,完全着生营养枝。荚果普通型大部分均有果嘴,无龙骨,荚壳表面平滑,壳较厚,可见明显的网状脉纹,果壳与种子之间空隙较大,典型的双仁荚果。种子椭圆形,种皮多粉红色。生育期较长,多为晚熟或极晚熟品种。种子发芽对温度的要求较高,休眠期较长。适宜北方高水肥土壤栽培。

(2)龙生型。主茎上完全是营养枝,侧枝几乎全是蔓生的,主茎明显可见。荚果曲棍形,有腰,果嘴明显,荚壳较薄,脉纹细深,以多仁荚果为主,果柄脆弱,容易落果。种子休眠性强,生育期较长。结果分散,产量不高。

(3)珍珠豆型。主茎和侧枝都开花,茎枝比较粗壮。荚果蚕茧状或葫芦状,典型的双仁荚果,果壳薄,脉纹网状,种子圆形,种皮以白粉色为主,有光泽,均为小粒或中小粒品种。耐旱性较强,对叶部病害抗性较差。种子休眠性较弱，休眠期短。早熟，适宜南方种植。

(4)多粒型。主茎和侧枝各节均有花枝，节间较短，分枝少，很少生有第二对侧枝，是典型的连续开花型。荚果以多粒为主，双仁荚果亦占有一定比例，果壳厚，脉纹平滑和显著。种皮大多为红色或红紫色，个别品种为白色，均为小粒或中小粒品种。种子休眠性较弱，休眠期短，产量低。适宜东北早熟或极早熟花生区种植。

(5)中间型。有两大特点：一是连续开花、连续分枝，开花量大，受精率高，双仁果和饱果指数高，荚果普通形或葫芦形，果型大或偏大，网纹浅，种皮粉红，出仁率高。株型直立，分枝少，叶片小或中等，中熟或早熟偏晚，种子休眠性中等。二是适应性广。

11. 适宜榨油的花生品种有哪些？

(1)冀花 5 号是河北省农林科学院粮油作物研究所育成的高产油用型大果花生新品种，2010 年通过国家鉴定。该品种为疏枝普通型大果品种，具有高产、高油、抗病、抗逆、适应性强等突出特点。株型直立，主茎高 42.4 厘米，侧枝长 43.4 厘米，总分枝 6.5 条，叶片长椭圆形，浓绿，连续开花，饱果率 78.9%，百果重 258 克，百仁重 105 克，千克果数 572 个，千克仁数 1 280 个，出米率 72.4%，春播全生育期 130 天左右。该品种荚果整齐饱满，双果率高，果大，仁大，籽仁长椭圆形，种皮粉红色、无油斑，生食口感细腻、香甜酥，口感好，适宜榨油和鲜食，脂肪含量55.73%，蛋白质含量19.86%。2005—2006年参加河北省区域试验，荚果平均亩产315.03千克，籽仁平均亩产228.10千克，比对照种冀花2号分别增产19.44%和20.32%，居参试品种首位。2007—2008年参加全国（长江流域片）花生品种区域试验，两年荚果平均亩产328.30千克，比对照中花4号增产8.66%。瘠薄地示范亩产达300千克以上，高产栽培亩产可达500千克以上。

适宜区域：冀花5号适宜在河北省、我国北方及长江流域花生产区春播和地膜覆盖种植，冀中南还可以麦套种植。

(2)冀花4号是河北省农林科学院粮油作物研究所育成的高油花生新品种，2003年通过河北省鉴定，2006年通过国家鉴定。该品种为疏枝型中小果花生，具有高产、高油、抗病、抗逆、适应性强等突出特点。株型紧凑直立，株矮节间密，主茎高35～40厘米，总分枝8～9条，茎枝节间密，叶片椭圆形，连续开花。荚果普通型，网纹中浅，果嘴微钝，百果重187克，百仁重80克，籽仁粉红色，桃圆形，出米率75.6%。春播生育期120～130天，夏播110天左右。抗叶斑病，耐病毒病，耐旱，抗倒。平均脂肪含量57.65%,油酸/亚油酸1.31。2002—2003年参加河北省春花生区域试验,荚果平均亩产350.6千克,籽仁平均亩产264.9千克,分别比对照种冀花2号增产13.9%和19.6%,增产极显著。2003—2004年参加全国北方片花生区域试验,荚果平均亩产238.85千克,籽仁平均亩产176.44千克,分别比对照种鲁花12号增产13.6%和16.0%。2005年参加全国北方片花生生产试验,荚果平均亩产287.01千克,籽仁平均亩产213.63千克,分别比对照种鲁花12号增产14.34%和15.48%。大面积生产示范,一般亩产300～400千克,地膜覆盖高产示范亩产可达550千克以上,麦套高产示范亩产达450～500千克。

适宜区域:冀花4号适宜在河北、河南、山东、山西、北京、天津、江苏、安徽等我国北方花生产区春播和地膜覆盖种植,冀中南还可麦套夏播种植。

(3)豫花15号是河南省农科院棉花油料研究所1999年育成,2001年通过国家农作物品种审定委员会审定。该品种属中间型品种,植株直立疏枝,一般株高48.9厘米,侧枝长53厘米,总分枝8条,结果枝7条。荚果普通型,果嘴锐,网纹细深,籽仁粉红色、椭圆形,百果重平均225.8克,百仁重90.1克,出仁率70.3%。饱果率高,商品性好,休眠期稍短。粗蛋白质24.5%,脂肪含量

56.67%。高抗网斑病、枯萎病，抗叶斑病、锈病，耐病毒病，抗旱耐涝性强。其生育期为115天，熟性较好，适宜北方花生产区种植，高肥水地每亩9 000穴左右，旱薄地或夏直播地每亩11 000穴左右。一般亩产荚果300～400千克，籽仁200～260千克。

(4)冀花9号是河北省农林科学院粮油作物研究所通过有性杂交培育而成，2012年2月通过河北省鉴定。该品种为疏枝普通型小果品种，具有早熟、高产、优质、抗病、抗逆、适应性强等突出特点。主茎高34.0厘米，侧枝长36.6厘米，总分枝7.6条，结果枝5.9条，单株果数12.8个，单株产量15.85克，荚果普通形，种仁桃园形，种皮粉红色，无裂纹，无油斑，百果重186.0克，百仁重85.4克，千克果数779个，千克仁数1 612个，出米率76.77%，春播全生育期127天，夏播110天。粗脂肪含量57.56%，粗蛋白含量22.06%，油酸亚油酸比值1.41。该品种生长稳健，较抗叶斑病，耐病毒病，植株矮，抗倒性强，抗旱性、耐涝性和适应性较强，种子休眠性强。2010年花生生产试验，荚果平均亩产273.85千克，籽仁平均亩产213.83千克，荚果、籽仁产量均比对照种鲁花12号增产，荚果平均增产14.87%，籽仁平均增产21.92%。生产示范亩产达303.8千克

适宜区域：河北省花生产区春播种植和冀中南夏播

种植。

(5)冀花10号是河北省农林科学院粮油作物研究所培育而成的高油花生品种,2012年2月通过河北省鉴定。该品种为疏枝普通型小果品种,具有早熟、高产、优质、抗病、抗逆、适应性强等突出特点。株型直立,连续开花,叶片长椭圆形、绿色,荚果普通形,籽仁椭圆形、粉红色、无裂纹、有油斑。主茎高41.9厘米,侧枝长45.6厘米,总分枝9.0条,结果枝6.1条,单株果数13.4个,单株产量16.13克,百果重178.9克,百仁重76.9克,千克果数767个,千克仁数1 688个,出米率76.06%,生育期129天。脂肪含量56.82%,蛋白质含量22.09%,油酸/亚油酸比值1.41。该品种出苗整齐,生长稳健,较抗叶斑病,耐病毒病,抗倒性一般,分枝数较多,单株结果较多,出米率较高,稳产性较好。2010—2011年生产示范亩产达385.58千克,比对照种冀花2号增产12.5%。该品种生长整齐,植株直立,荚果较大、整齐,单株结果较多,田间长势强,没有倒伏现象,叶斑病较轻,综合抗性较好。

适宜区域:适宜在河北省花生产区春播种植和冀中南夏播种植。

12.适宜出口的花生品种有哪些?

(1)花育19号是山东省花生研究所育成的普通型早

熟大花生新品种。2002 年 4 月通过国家审定。该品种属于早熟直立、疏枝、普通型大花生，春播生育期 130 天左右，夏播 100 天左右。主茎高 48.0 厘米，侧枝长 49.8 厘米，总分枝 7～9 条，结果枝 6 条左右，单株结果数 13.37 个，株丛矮且直立，紧凑，节间短，抗倒伏，叶色浓绿，开花量大，结实率高，双仁果率一般占 70％以上，果柄短，不易落果，子仁长椭圆形，种皮粉红色，百果重 251.4 克，百仁重 96.36 克，0.5 千克果数 298.8 个，0.5 千克仁数 659.35 个，出米率 70％左右。种仁含油量 45.94％，蛋白质含量 22.9％。花育 19 号高抗网斑病、晚斑病、早斑病、条纹病毒病，对倒伏、干旱均表现高抗。

(2)花育 22 系山东省花生研究所选育而成，是我国传统出口专用型大花生新品种，2003 年 3 月通过山东省审定。该品种为疏枝早熟大花生，株型直立，叶色灰绿，结果集中，网纹粗，荚果普通型，籽仁椭圆形，种皮粉红色，内种皮金黄色。生育期 130 天左右，主茎高 36 厘米左右，侧枝长 40 厘米左右，总分枝数 9 条左右，单株结果 14 个左右，单株生产力 19 克左右，百果重 245.9 克，百仁重 100.7 克，千克果数 573 个，千克仁数 1 108 个，出仁率 71％。抗病、抗旱、耐涝性中等，脂肪含量 49.2％、蛋白质 24.3％、油酸 51.73％、亚油酸 30.25％，油酸与亚油酸比值为 1.71。2002 年参加生产试验，平均亩产荚果 372.2

千克，比对照鲁花 11 号增产 8.8%。

适宜区域：适于我国北方大花生生产区，包括山东、河北、河南、山西等省种植，在黄淮南部也适于夏直播。

(3)冀花 6 号是河北省农林科学院粮油作物研究所培育而成高产优质大花生新品种，2009 年通过河北省鉴定，2010 年通过国家鉴定和河北省审定。该品种为疏枝普通型大果品种，具有高产、优质、抗病、抗逆、适应性强等突出特点。主茎高 33.8 厘米，侧枝长 37.6 厘米，总分枝 7.7 条，结果枝 5.8 条，单株果数 12.0 个，单株产量 19.8 克，荚果普通型，籽仁长椭圆形，种皮深粉红色，无油斑，无裂纹，百果重 255.2 克，百仁重 107.7 克，千克果数 599 个，千克仁数 1 194 个，出米率 74.3%，生育期 125 天。种仁含油量 53.7%，蛋白质含量 22.9%。抗倒、耐涝性强，中抗网斑病和褐斑病，综合抗性较好，稳产性好，适应性广。2008 年参加河北省生产试验，荚果平均亩产 285.3 千克，籽仁平均亩产 208.4 千克，均居参试品种第 1 位。2007—2008 年参加湖北省花生品种区域试验，两年荚果平均亩产 317.4 千克，比对照中花 4 号增产 13.4%。2009 年参加全国北方片花生新品种（大粒组）生产试验，荚果平均亩产 297.56 千克、籽仁平均亩产 214.79 千克，分别比对照鲁花 11 号增产 12.19% 和 12.96%。

适宜区域：适宜在河北省、湖北省及我国北方花生产区春播和地膜覆盖种植，冀中南还可以麦套种植。

13. 适宜烤食、炒食的花生品种有哪些？

(1)花育 23 是山东省花生研究所选育而成，2004 年通过山东省农作物品种审定委员会审定。春播全生育期 129 天。属疏枝型直立小花生，主茎高 37.2 厘米，侧枝长 43.1 厘米，单株结果数 17.7 个，百果重 153.7 克，百仁重 64.2 克，出米率 74.5％。粗脂肪含量 53.1％，蛋白质含量 22.9％，油酸/亚油酸比值 1.54。种子休眠性、抗旱性强，较抗叶斑病和网斑病。2002—2003 年参加山东省区域试验和生产试验，区域试验平均单产荚果 312.6 千克/亩，籽仁 234 千克/亩，分别比对照鲁花 12 增产 13.5％和 16.0％；生产试验平均单产荚果 281.5 千克/亩，籽仁 211.7 千克/亩，分别比对照鲁花 12 增产 21.5％和 24.8％。

(2)花育 26 是山东省花生研究所育成的出口“兰娜”小花生新品种，2006 年通过山东省审定。属早熟直立“旭日型”出口小花生品种，生育期 130 天左右。疏枝型，主茎高 52.5 厘米，侧枝长 57 厘米，单株结果数 21 个，单株生产力 18 克，荚果普通型，百果重 151 克，百仁重 62.1 克，出米率 73％。经农业部食品质量监督检验测试中心

（济南）测试，脂肪含量 51.8％，蛋白质含量 23.5％，油酸 51.2％，亚油酸 30.4％，油酸/亚油酸比值 1.68。种子休眠性强，较抗叶斑病和网斑病。产量表现：2004—2005 年参加山东省区域试验，平均单产荚果 297.9 千克/亩，籽仁 215.9 千克/亩，分别比对照鲁花 12 增产 17.25 ％和 16.57％。2006 年参加山东省生产试验，平均单产荚果 303.5 千克/亩，籽仁 227.8 千克/亩，分别比对照鲁花 12 增产 21.4％和 23.9％。

（3）冀花 8 号是河北省农林科学院粮油作物研究所通过有性杂交培育而成，2010 年通过全国品种鉴定委员会鉴定。该品种为直立疏枝型小花生。株高 34.5 厘米，侧枝长 37.7 厘米，总分枝数 8.0 条，结果枝数 6.6 条，叶片椭圆形，叶色淡绿，连续开花，花橘黄色，荚果普通形，网纹深，种仁椭圆形，种皮粉红色，无油斑，无裂纹，百果重 192.2 克，百仁重 77.9 克，千克果数 685 个，千克仁数 1 468 个，出米率 75.8％，春播全生育期 122 天。种子休眠性中等，抗旱性、耐涝性中等，中抗网斑病和褐斑病。脂肪含量 49.70％，蛋白质含量 23.76％，油酸含量 40.0％，亚油酸含量 38.8％，油/亚比为 1.03。2009 年参加全国北方片花生新品种（小粒组）生产试验，荚果平均亩产 262.00 千克、籽仁平均亩产 222.22 千克，分别比对照鲁花 12 号增产 17.90％和 24.48 ％。一般亩产 400 千克左右，地膜示范可达 500 千克/亩以上。

适宜区域：适宜在河北省及我国北方花生产区春播、麦田套播和冀中南麦后夏播种植指品种适宜推广的区域。

14. 适宜鲜食的花生品种有哪些？

(1)冀花 2 号是河北省农科院粮油作物研究所 1998 年选育而成，该品种为疏枝普通型中大果早熟品种，其突出特点：高产、稳产、优质、多抗。该品种株高 40 厘米左右，总分枝 7～8 条，单株结果数 14 个以上，双仁果及饱果率均占 80%以上，出米率 73%～75%，含油量 52.0%，蛋白质含量 27.0%。籽仁椭圆形，外种皮粉红色，内种皮橙黄色，无裂纹，无油斑，出油多，油脂好，不饱和脂肪酸含量高(80.42%)；油/亚比较高，耐储藏。适口性好，嚼食口感香甜、细腻。抗病抗旱耐涝耐瘠薄，后期不早衰。生育期 110～130 天。一般亩产 300～400 千克，春播最高亩产 526 千克。

(2)冀花 7 号是河北省农林科学院粮油作物研究所培育而成，2009 年通过河北省鉴定。2010 年通过全国鉴定。该品种为疏枝斧头型中果品种，主茎高 43.2 厘米，侧枝长 48.4 厘米，总分枝 7.9 条，结果枝 5.8 条，单株果数 12.7 个，双果率高，单株产量 18.65 克，荚果斧头形，籽仁三角形，种皮粉红色，无油斑，百果重 232.5 克，百仁重 97.0 克，千克果数 605 个，千克仁数 1 379 个，出米率 77.89%，含油量 54.02%，蛋白质含量 20.95%。春播全生育期 125 天，夏播 109 天。抗倒、耐涝性强，抗褐斑病，中抗网斑病，种子休眠性较强，综合抗性较好，稳产性好，适应性广。河北省小粒组花生区域试验，两年平均荚果亩产 289.29 千克，平均籽仁亩产 224.58 千克，分别比对照种鲁花 12 号增产 18.20%和 24.14%。生产试验荚果平均亩产 304.70 千克，籽仁平均亩产 239.47 千克，荚果平均增产 16.09%，籽仁平均增产 23.51%。瘠薄地示范亩产 343.29 千克。

适宜区域：适宜在河北、辽宁、吉林、山西、山东、河南花生适宜区域种植。

15. 适宜蛋白生产的花生品种有哪些？

(1)花育 17 是山东省花生研究所育成的优质、高产、低脂肪出口大花生新品种，1999 年通过山东省审定。属普通型早熟大花生，春播生育期 125 天，夏播生育期 105 天。主茎高 36.8 厘米，百果重 220 克左右，百仁重 100 克左右，出米率 75%左右。结果整齐集中，籽仁椭圆形，种皮粉红色，内种皮金黄色，符合出口大花生标准。粗脂肪含量 44.6%，油酸/亚油酸比值 1.62。1996—1997 年参加山东省花生新品种区域试验，平均单产荚果264.1千克/亩，比对照鲁花11增产12.5%。1998年参加山东省花生新品种生产试验，平均单产荚果329.8千克/亩，比对照鲁花11增产13.3%。1998年参加全国北方片花生品种区域试验，平均单产荚果236.9千克/亩，比对照鲁花9号增产14.33%。

（2）粤油79是广东省农科院作物研究所培育出的高蛋白、高产、抗病的食用加工型花生新品种，2002年通过国家农作物品种审定。该品种蛋白质含量32.33%，是目前国内育成并推广的花生品种中蛋白质含量最高的品种。平均亩产271.70千克，比汕油523增产10.51%，达极显著水平。经省内外多点试验和中试示范，粤油79适应性较广，目前该品种在我国南方各省区（广东、广西、江西、海南、福建等）均有种植，并被列为国家"十五"重大科技成果推广项目。

16.生产上应用的彩色花生品种有哪些？

彩色花生是普通花生因果仁外皮颜色变异产生多种颜色而来。彩色花生主要分为富硒黑花生、白玉花生、珍珠花生等几个品种，其中按果仁外皮颜色又能分为黑、紫黑、白、紫红、红白，彩粒等几个色系（图1）。五彩花生有黑色、雪白、白底红花纹、黑底黄花纹、黄底黑花纹等颜色。长出的秧蔓与普通花生没有区别，只是叶片稍大一些。按粒色可分为两粒黑，四粒黑，两粒彩，四粒彩，双粒花，双粒白等。生产普遍采用的是双粒黑保健品种。

图1　彩色花生

17. 彩色花生有什么特点？前景如何？

彩色花生比普通花生营养丰富，口感好。经北京营养源研究所的鉴定结果显示，彩色花生蛋白质含量比普通花生高出 23.9%，每 100 克彩色花生含微量元素锌 3.7 克，硒 8.3 克，比普通花生分别高出 48% 和 101%。彩色花生系列新品种比普通花生更富含硒、锌、铁、碘、白黎芦醇等微量元素和氨基酸等营养成分，更具保健、食疗功效。能调节人体生理机能，提高免疫力，抗癌、软化血管，在预防疾病方面起到重要作用。最新的科学实验证明，彩色花生中含有的单不饱和脂肪酸、白藜芦醇、锌及贝塔谷固醇等成分，具有预防心脑血管病、心脏病及有效抗癌等特殊功效。彩色花生特别含有维生素 E、维生素 A、维生素 B_1、维生素 B_2、维生素 K 及大量锌、钙、磷、铁等微量元素，经常食用能延缓衰老，增强人体免疫力，对促进儿童脑细胞发育和增强记忆力有良好的作用。

彩色花生集观赏、食用、营养、保健于一体，适合开发加工高档保健、休闲食品，种植前景无限。行业人士分析，它将取代当前市场上的普通花生，因此要有五六年的繁种阶段才能满足种子市场的需求，也是农业调整种植结构，增加收入的好项目。据相关统计数字表明，仅国内市场年消费花生休闲食品数量就高达 8 000 万吨。如再包括出口外销以及富硒食品的应用，彩色花生的潜在市场十分巨大。但彩色花生受本身特性和育种手段及力量的局限，单产仍较低，生产上大面积发展要看市场需求，最好有订单保证。

18. 如何理解优质专用花生品种？

优质专用花生是指具有专用特点的花生品种类型。

主要包括油用型、食用型、出口专用型、营养保健型等。我国生产的花生约有56％用于榨油，约28％作为食用和食品加工，5％～7％用于出口。因此，用途最广泛的是油用、食用加工和出口专用型花生。出口专用型花生具有较大的发展潜力。

三、生产管理

19. 花生根瘤是什么？在生产中如何利用？

花生同其他豆科植物一样，根上生长根瘤，花生根瘤的形成是由于土壤中的根瘤菌侵入根部组织所致。根瘤菌自根毛侵入，存在于根皮层的薄壁细胞中，根瘤菌在皮层细胞中迅速分裂繁殖，同时皮层细胞因根瘤菌侵入的刺激，进行细胞分裂，皮层细胞数目增加，体积膨大，形成瘤状凸起就是根瘤。花生根瘤圆形，直径一般 1～5 毫米，多数根瘤着生在主根的上部和靠近主根的侧根上，在胚轴上亦能形成根瘤。根瘤的大小、着生部位、内部颜色等都与固氮能力有关，主根上部和靠近主根的侧根上的根瘤较大，固氮能力较强(图 2)。

花生根瘤具有很强的固氮能力，但花生幼苗期根瘤和花生是寄生关系，不但不能供氮还要吸收花生植株的氮素维持生长和繁衍，到了开花以后，形成共生关系，固氮能力增强，开花生盛期最强，低肥力的情况下，供氮能

图 2　花生根瘤

力达到 90%，高肥力地块，土壤氮源充足，供氮能力减弱。

所以在生产上，基肥需要施一定量的氮肥，开花以后可以不再追施氮肥，减少生产成本。但高产田因肥力高，用肥量大，每株花生只有小根瘤十余个，根瘤的固氮能力是微不足道的，必须依靠肥料来补充才能满足高产需要。根据根瘤菌的固氮能力可以人工制成根瘤菌肥经拌种或直接施入土壤，经大量繁殖，增产效果很好，早在 20 世纪 50 年代已应用在生产上。

20. 花生茎枝特点如何？在生产中如何利用？

花生主茎直立，高度在 15～75 厘米，具有 15～20 个节间，花生的分枝由腋芽发育而来。从主茎上长出的分枝称为第一次分枝，从第一次分枝上长出的分枝称为第二次分枝，其余类推。一般早熟品种只有2次分枝；晚熟品种则有3次以上的分枝。主茎的高矮与粗细程度是衡量个体发育好坏和群体大小的主要指标，矮壮苗是高产花生的重要特征。花生主茎一般不开花结果，开花结果主要集中在第一对、第二对侧枝及它们的次生分枝上，一般占单株结果数的80%～90%以上，其中第一对侧枝占60%以上。因此，生产上采取清棵蹲苗，促进第一对、第二对侧枝的早生快发，相对提高结实率和饱果率，以达到高产的目的。

图3　花生茎、叶、花、果

21. 花生单株开花量能达到多少？开花、下针、结果受什么条件影响？

花生单株开花量变异幅度很大，一般在50～200朵，同一品种受植株营养、密度大小和环境条件影响很大，一般气温25～28℃是开花最多，土壤水分降到40%以下时，开花就会中断，但水分过大开花量也会减少，开花期营养良好开花多，营养不良开花少。花生所开的花，受气温过高或过低，空气湿度过低，植株密度过大等影响，一般有30%～60%的花不能成针。在田间条件下，果针离地愈高愈长愈软，入土能力愈弱，保持土壤湿润，疏松不板有利于果针入土。果针入土后10天左右即可发育成幼果，20～30天荚果体积达到最大，后期根据生长时间的长短和环境条件决定荚果的饱满度。荚果的大小主要受品种特性的控制，同一品种因气候、栽培条件、形成先后、着生部位等差异，其成熟度及果重差异很大。

花生是地上开花地下结果，其花生荚果发育要求具有特殊性。

(1)黑暗是子房膨大的基本条件，果针不能入土不能发育成荚果。为提高结荚数，增加产量，在花生下针结荚期进行培土，目的是缩短果针入土距离，使大部分果针能插入土壤中。

(2)机械刺激是荚果正常发育又一基本条件。有人试验黑暗和机械刺激任何一个条件都可以使花生正常结果。

(3)水分：实验证明，即使花生根系能吸收充足的水分，但如荚果层干燥，荚果因而常表现缺钙症状。

(4)氧气：花生在荚果发育过程中生长十分迅速，物质运转、转化十分紧张，呼吸作用相当旺盛，需要大量的氧气。荚果层中氧气不足容易导致辞烂果。

(5)荚果层的矿质营养：入土的果针和发育初期的荚果可从土壤直接吸收无机营养，荚果层中矿质营养状况对荚果发育有很大作用。

(6)温度：荚果发育所需时间的长短和发育好坏与温度有密切关系。荚果发育的最低温度为15℃，高限为33～35℃。

(7)有机营养的供应情况：荚果发育的好坏归根到底取决于营养物质的供应情况。在结实饱果期，有机营养供应不足或分配不协调是造成荚果发育不好的基本原因之一。

22.花生对种植的自然条件有何要求？

花生的生长对温度、水分、光照等气候条件都有一定的要求。

(1)温度。花生生长适宜温度25～30℃，低于15.5℃基本停止生长，高于35℃对花生生育有抑制作用；昼夜温差超过10℃不利于荚果发育，白天26℃、夜间22℃最适合荚果发育；白天30℃、夜间26℃最适合营养生长；5℃以下低温连续5天，根系便受伤，－2～－1.5℃地上部便受冻害。全生育期需积温3 000～3 500℃，珍珠豆型约3 000℃，普通型和龙生型约3 500℃。

(2)水分。花生比较耐旱，但发芽出苗时要求土壤湿润，田间最大持水量以70%为宜，出苗后便表现出较强的抗旱能力。苗期需水少，开花期需要土壤水分充足，如果20厘米深的土层内含水量降至10%以下，开花便会中断，下针结实期要求土壤湿润又不渍涝。花生全生育期降水量300～500毫米便可种植，多数产区水分对产量的影响主要是降水分布不均。

(3)光照。长日照有利于营养生长，短日照促进开花。在短日照下，植株生长不充分，开花早，单株结果少。光照强度不足时，植株易出现徒长，产量低。光照充足，植株生长健壮，结实多，饱果率高。

23.花生高产的潜力有多大？其构成因素指标如何？

过去因受传统栽培习惯的束缚，花生产量一直很低，曾一度被误认为是低产作物。20世纪70年代以来，通过加强栽培研究和开展群众性创高产摸规律的活动，产量有了很大突破，1980年以来不断创出高产，1983年蓬莱南王镇1.6亩，亩产达到746.2千克，1991年平度仁兆1.1亩，亩产达到785.6千克创纪录，说明了花生有很大的高产潜力。花生虽属C_3型作物，光合潜能却很高。我国专家学者根据花生的光合效能，进行了高产潜力的估算。花生下针结荚至荚果成熟期的60天，以最佳叶面积系数、净光合生产率，估算南方珍珠豆型早熟中果品种每亩最高荚果产量为790千克；中间型中熟大果品种结荚至饱果成熟期的80天中，以最大生理辐射光能的利用率14％，推算北方大花生每亩最高荚果产量为1 140千克。从当前花生高产田最佳产量因素结构看，还有很大的增产潜力。不少高产田总果数≥每亩达33万个；千克果数≤430个，若按现有高产田出现的总果数最大值每亩达38万个，千克果数最小值410个来推算，花生每亩荚果产量可达921千克。

24. 花生异地调种有什么好处？为什么要定期更新品种？

花生本身是一种生产常规用种，一些农民没有优种意识和换种概念，抱着一个老品种种植三年、五年甚至八年、十年，在生产过程中不注意对品种选纯复壮，导致该品种出现了严重的种性退化，品质变差，产量下降，抗病性降低，尤其对于土传病害的果腐病会更加敏感。为此，采用异地换种的方法，既能够降低病害的发生，还能最大限度地提高花生产量。如河北的种植户应选购山东、辽宁等地繁育的花生种子。据生产试验调查，异地换种花生能增产10％～20％。定期更新花生品种是彻底解决花生品种老化、种性退化的根本措施，随着花生需求市场的细化，对花生品质的要求越来越高，加上现代育种科技的快速进步，越来越多的优质专用花生品种相继育出，定期更新种子，确保生产用种3年更新一次，就能提高和恢复良种特性，增强抵御自然灾害能力，充分挖掘良种增产和品质改良的潜力。定期更新品种是提高花生产量、品质以及效益的主要途径。

25.花生如何浸种催芽？

用“两冷一开”(40℃左右)温水浸种3～4小时(或用冷水泡一昼夜)，起水后放入催芽草窝，用热水充分淋湿，保持25～30℃，催芽18～20小时，“粉嘴”后立即播种。

26.花生如何进行芽苗移栽？

我国黄淮和江淮花生产区，为使春播花生苗全苗壮，早有贴芽补苗和育苗移栽的习惯。贴芽补苗是指与春播花生同期育芽，等大田花生缺苗时，在缺株穴内贴补上同龄的幼芽。育苗移栽是在小麦和豌豆、油菜等小春作物收获前育好花生苗，等小麦和小春作物收获后，再移栽花生幼苗。

(1)贴芽补苗。选择沙土地，刨弄细。浇水造墒，每平方米400粒种子，胚根向下，盖沙土5～6厘米。子叶出土移栽。用小铲在原花生穴深扎7～8厘米，向一侧扳一下，留出空隙，把花生芽苗放进去，抽铲压土，墒情不足要浇水。

(2)育苗移栽。小麦或小春作物收获前10～15天育苗。提前留好育苗地，以每平方米苗床育苗200株计。平地做床，土要弄细，平整，床面上铺3～5厘米沙性细肥土，避免起苗时伤根。床土内施足水肥，在床面上每100厘米^{2}并排平放两粒花生种子，盖3～5厘米厚细沙土，然后用竹木或树条架成高16.5厘米左右的拱架，在架上盖膜，四周用土固定，以便透光、保温、保湿，利于花生出苗。当花生子叶破土出苗后，即揭膜炼苗。当80%的苗子叶变绿至茎有4片真叶时，即可起苗移栽。最迟主茎不能超过6片真叶，移栽时开沟或挖穴均可，深度要依照苗株根系长度而定。芽苗直栽入穴中，用细土培根，使子叶露在外面，灌足水，使土与根自然沉实，再培细土固定住胚根。移栽后6～8天，再浇一次水，以促根快生和发棵增叶(图4)。

27.如何确定花生的播种期？

花生适宜的播种期，是根据品种特性、自然条件和栽培制度确定的。在自然条件中，温度是确定播种期的主要因素，温度低于12℃，花生种子不能发芽，在土壤水分适宜时，珍珠豆型早熟品种15℃即可顺利出苗。普通型

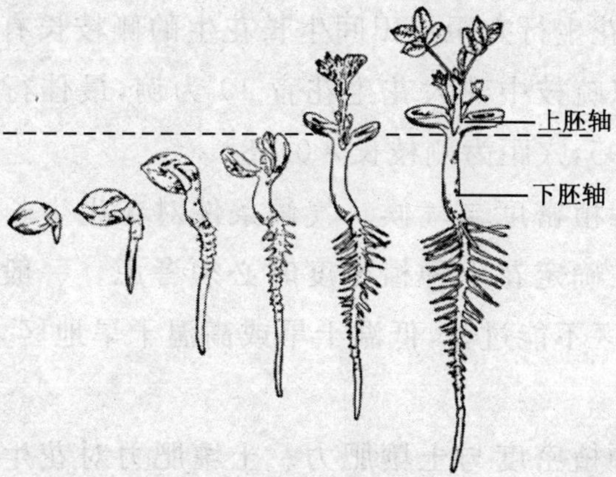

图 4　花生幼苗

大花生品种则要在 15～18℃幼苗才能很好出土。同时保证出苗后躲过最后一次晚霜，以防霜冻死苗。因此，以 5 天内土壤 5～10 厘米土层的平均温度稳定在 15℃以上时播种比较适宜。实践证明，适期晚播，更能让气候条件与花生各生育期对环境条件要求相吻合，使花生植株健壮有序生长，提高产量。

28. 怎样做到花生合理密植？

花生的种植密度应依据品种、气候和土壤肥力确定。

(1)种植密度与品种。花生不同品种间的植株形态差异较大，其适宜种植密度差异也很大，原则上匍匐型品种应稀，直立型品种宜密，半匍匐型品种介于两者之间。

合理密植花生行穴距与田间生长花生的侧枝长有一定比例关系，以疏枝中熟大花生花育19为例，最佳行距为侧枝长×0.95，穴距为侧枝长×0.38。

（2）种植密度与气候。气候条件对花生生长发育影响很大，在确定花生种植密度时必须考虑。一般掌握高温多湿地区不能过密，低温干旱或高温干旱地区，应适当密植。

（3）种植密度与土壤肥力。土壤肥力对花生的植株生长影响很大，在高肥力条件下，植株生长旺盛，株高棵大；在低肥力条件下，植株矮小，所以应掌握“肥地宜稀，薄地宜密”的原则。

（4）合理密植的范围。综合考虑品种、气候、土壤肥力等因素，当前我国花生的合理密植范围为：珍珠豆型品种，在南方水田春植，每亩以1.8万～2.2万株为宜，在旱坡地春植和水田秋植，每亩以2万～2.4万株为宜。在北方旱地春播每亩以1.2万～1.5万穴，每穴2粒为宜。在高肥力有水浇条件地块春播，每亩以1万～1.25万穴，每穴2粒为宜。北方目前种植的普通型和中间型直立大花生品种在中等肥力地块春播，每亩以0.8万～1万穴，每穴2粒为宜。麦田套种和夏直播，每亩以0.9万～1.1万穴，每穴2粒为宜。在高肥力地块，春播每亩以0.8万穴左右，每穴2粒为宜。

29.花生有哪些种植方式？

我国花生主要有平作、垄作、畦作三种种植方式。

(1)平作。地势高燥、土壤肥力低、无水浇条件的旱薄地和排水良好的沙地，适于平作。平作即平地开沟播种，行距依土壤肥力、品种类型及种植习惯而定，一般26～50厘米。

(2)垄作。土层深厚、地势平坦、有排灌条件的中等以上肥力的地块，应提倡垄作。有单行垄种和双行垄种。

①单行垄种。露地栽培花生一般采取单行垄种，垄的规格依土培肥力和品种类型而定。中等肥力土壤种植珍珠豆型品种，垄距一般40厘米，垄高10厘米。种植中间型品种垄距一般45厘米，垄高10～12厘米。高肥力土壤种植中间型或普通型直立品种，垄距50厘米，垄高10～12厘米。

②双行垄种。地膜覆盖栽培花生全部采用双行垄种。垄的规格一般为垄距80～90厘米，垄高10～12厘米，垄面宽50～60厘米，肥力偏低地块种植较矮小紧凑品种垄宜小些，肥力高的地块种植植株高大品种垄宜大些。

(3)畦作。在降雨量较多、易受涝害的南方和土层浅，易懈涝的丘陵旱地，宜采用畦作，南方宜做成畦面宽

100～110厘米，畦沟宽40厘米的高畦。丘陵旱地宜做成畦面宽130～300厘米，畦沟上口宽15～20厘米，沟深20～25厘米的高畦。

30. 花生机械化播种有何进展？前景如何？应注意哪些问题？

(1)目前我国花生播种机械化技术仍处于初级阶段，无论与发达国家，还是与我国稻麦等主要粮食作物相比较，机械化水平还有很大差距。在我国现有的花生生产机械中，耕整地、田间管理（灌溉、植保等）机械多采用通用机具，已相对成熟，播种、覆膜等种植机械有待完善，花生播种经历了由简单农具到现在的联合播种作业多个发展阶段，目前播种机可以进行起垄、覆土作业，有些可以实现联合作业，如一台播种机同时完成施肥、覆膜、喷洒除草剂等，但由于花生播种机产品技术门槛低，导致生产企业众多，产品质量良莠不齐。此外，为进一步减轻人工放苗劳动强度，最新研发的苗带膜上覆土、膜上打孔花生播种技术尚未成熟。

(2)花生机械播种可以将开沟、起垄、施肥、播种、喷除草剂、覆膜、镇压、覆土一次完成，有利于花生抢墒播种，省工省时，劳动生产效率是人工的60倍；花生机械播种给花生标准化种植提供了硬性措施，使机械构造、性能发挥与花生农艺技术要求得到完美结合，花生产量大幅度提高；花生机械播种可以促进种植结构调整，将麦套花生变成麦后直播，实现保粮增油，解决了粮油争地矛盾，前景广阔。

(3)花生播种机一般与小四轮拖拉机配套使用，由于机型不同使用调整略有差异，一般来讲应注意以下问题。

将整机与小四轮拖拉机三点悬挂连接，药液筒气管与拖拉机气泵连接好；根据种子尺寸，更换排种盘，添加种子，尺寸过大和过小的种子应捡出；按要求兑好药液，倒入药液筒，向筒内充气使气压达到规定值，更换药液时应先拧松筒盖放气，放完气后再打开盖加药；肥料加入肥料箱前要清除杂物、无板结；膜卷装入挂膜架上，要调整膜辊转动阻力适宜；开始作业时，机组要对准、对正作业位置，膜头要用土压住、压紧，起步前打开药液开关。注意起步、起落应缓慢，前进速度应均匀，作业中不得拐弯，不得倒退，随时检查各部位工作状态，发现异常及时处理。

要使花生播种铺膜机达到理想的作业效果，必须使各个工作部位调整适当，比如播种深度、行距、株距、施药量、施肥量、起垄高度、地膜的横向和纵向拉紧程度、覆土量等，要结合当地的农艺要求和产品使用说明书认真调整(图5)。

图 5　花生机械覆膜播种机

31. 起垄种植花生为什么播种行与垄边距离要保持在 10 厘米左右?

当前生产所用的花生品种，有效结实范围大都在半径 10 厘米穴周土壤，所以起垄花生播种行(穴)距垄台边就必须在 10 厘米以上，否则会出现本应有效的果针拉长下针距离，入土无力，甚至悬空入不了土，地膜花生垄面外的果针容易滑针，形成无效针，造成减产。

32. 花生播种如何保证全苗?

要做到花生一播全苗,必须抓好三个环节。

(1)严格进行种子处理。播种前 10～20 天进行剥壳,最佳剥壳时间是距播种时间越近越好;剥壳前带壳晒种 2～3 天,以增强种子内各种酶的活性,提高发芽率和发芽势;分级粒选,剔除病粒、残粒,用一级种子作种;播种前进行发芽试验。

(2)适期晚播。参照 27 问。

(3)提高播种质量。要做到墒情适宜,播种深浅合适,盖种严实,如土壤水分不足,要造墒播种或点水播种,播种深度,露地栽培以 5 厘米左右为宜。土壤较黏重,墒情好的地块可略浅些,但不能浅于 3.3 厘米,沙性土壤,墒情差时,可适当深些。但不能深于 6.5 厘米,覆膜栽培以 3 厘米为宜。播后要覆土踩实,盖严盖实,露地栽培还应及时镇压。

33. 花生播种“增穴减粒”的好处有哪些?

花生“增穴减粒”技术是针对传统的“一穴多粒”(3 粒以上)和“窄行稀穴”种植方法的技术改进,在保证田间合理密度(单位面积株数)的基础上,通过适度扩大行距,缩小穴距,增加穴数,减少粒数,保证合理单位面积株数,以实现植株合理布局，群体个体关系协调，通风透光，充分利用土壤养分，结果集中，荚果整齐，饱果率提高，实现增产。实验证明，同样条件下，每亩6 000穴3粒种子，通过“增穴减粒”技术变成每亩9 000穴2粒种子花生，同样亩株数均为18 000株，在没有增加播量的情况下，实现了合理密植，增产20%以上。

34.花生单粒播种可行吗？关键配套技术是什么？

传统花生种植方式是每穴播2粒种子，每亩1万穴左右，每亩用种量(荚果)20(小花生)～25千克(大花生)，每年用种量占花生总产的8%～10%，不仅用种量大、成本高，而且在高产条件下，群体与个体矛盾突出，群体质量下降，产量降低。以单粒精播代替双粒穴播，不仅可以减少用种量，而且可以缓解花生群体与个体的矛盾，实现花生高产高效。“十五”以来，山东省农科院等单位等对花生单粒精播效果、原理、应用条件以及关键技术进行了系统研究，建立了较为简单实用的技术规程，制订了省级地方标准。大田试验和生产示范证明，与传统播种方式相比，该技术可使花生增产5%～7%，亩节种6～7千克，亩增效35～50元。

关键配套技术：土壤肥力中等以上；选用单株生产力

高的品种，大花生可选用花育 22 号、花育 25 号、冀花 5 号、冀花 6 号、豫花 15 号等，小粒可选用花育 23 号、冀花 8 等。垄距 80～85 厘米，穴距 11～12 厘米，亩播 13 500（大花生）～14 500（小花生）粒。精选种子，用籽粒饱满活力高的一级米播种。株高达到 35 厘米时开始化控，施药后 10～15 天主茎超过 40 厘米可再喷一次，每次用药量为常规用量的 2/3～3/4。其他措施同一般高产覆膜花生。为保证出苗齐全，要注意精细整地，足墒播种。

35. 花生为什么要清棵？如何操作？

花生清棵能显著促进花生增产，实践证明，花生清棵增产 6.6%～23.0%。这是因为花生清棵能使第一对侧枝露出地面接收阳光，健壮生长，主茎和侧枝粗壮，茎部节间缩短，开花结果早而集中，数量多，饱果率高（第一对侧枝结果数占全株的 60%～70%）；主根下扎，侧根增多，根系发达，提高抗旱能力和吸肥能力；清棵还可以清除根际杂草，减少虫害。具体做法是：对平作的花生田，清棵时可先用大锄在行间浅锄一遍，随后用小手锄或小铲扒土清棵，把幼苗周围的土向四面扒开使两个子叶露出来。起垄种植的可破垄退土清棵，用大锄深锄垄沟，浅锄垄背，然后用手锄或小铲清棵。清棵深度以两片子叶露出地面为准。此外，清棵时一定要注意不要碰掉子叶，否则，侧枝发育失去营养来源，短而细弱，开花结果明显减少，降低产量。

36. 花生蹲苗的作用是什么？时间如何控制？

花生蹲苗就是在花生清棵后经过一段蹲苗时间，使幼苗健壮生长，二次分枝早生快发，即促进第二对侧枝生长（第二对侧枝结果数占全株的 20%～30%）。蹲苗时间，一般在清棵后 15～20 天，花生茎基部节间已由紫变绿，二次分枝已分生时，再进行第二次中耕为宜。

37. 花生培土迎针的作用是什么？

为了提高结实率和饱果率，在花生封行和大批果针入土之前，将垄行间的土培到垄顶的外缘，达到沟清土暄，顶凹腰胖，使垄的外缘加高，以缩短高节果针入土的距离，有利于结实范围内的果针入土结实。同时为以后排灌打下基础。

38. 花生如何进行培土迎针？

培土迎针应在花生单株盛花期和封垄前，锄完最后一遍地，及时选晴天墒情适宜的时候进行。平作花生垄行较窄，可用锄板和锄钩交接处套上草环（便于培土）的大锄，退行深锄猛拉泼土培垄，要求“穿垄不伤针，培土不压蔓”垄种花生垄行较宽，可先用大锄深锄垄沟，浅刮垄背，然后用耠子或耘锄串沟培土。

39. 花生如何进行中耕除草？

露栽的春花生，一般要求在封行之前中耕除草 3 次，封行后拔大草 1～2 次。中耕锄草要求“头遍深、二遍浅、三遍细”。农谚说“头遍挖，二遍刮，三遍如绣花”。第一次中耕应在花生基本齐苗之后、清棵之前进行。要求深锄，以破除土壤板结层，促进根系下扎。平作的要深锄慢拉，以免掩埋花生幼苗；垄种的要深锄垄沟，浅刮垄背，随即清棵。要求锄严、锄匀，做到不埋草、不漏锄。第二次中耕宜在清棵后 5～20 天进行。这时一般是伏前旱，杂草未长不定根，要求浅锄，刮净杂草，尽量使花生茎枝基部少掩土，以保持蹲苗环境。第三次中耕在花生单株盛花期，群体接近封行，大批果针入土结实之前进行，要求深锄、细锄，不要松动入土果针和碰伤结果枝，为最后的培土迎针打下基础。花生封垄后进入伏天，高温多雨，杂草容易滋生，又不能进行中耕，可在收获前拔除 1～2 遍大草。

麦套夏花生要在小麦收获后及早结合灭茬中耕除草，要求深锄，破除土壤板结并培土迎针解决麦套花生墩外侧结果范围小、花生果针入土距离长的矛盾。二次中耕除草在封垄前进行。

40. 花生为什么要化控？怎样应用效果才好？

根据花生长相采取施入外源植物生长调节剂的措施，调控花生生长和发育，从而达到提高花生产量和品质的目的，即所谓的化控。如利用赤霉素促进花生子房柄的伸长，利用芸薹素提高花生根系活力，促进光合作用，延长叶片衰老等。狭义地讲，就是利用抑制剂，控制花生地上茎枝的徒长，使花生地下和地上协调生长，提高产量。花生生产中，常因气候、施肥等造成花生旺长，引起倒伏造成减产，喷施抑制剂是控制徒长的有效措施。但在生产中往往存在控制时间过早、药剂量过大等不当做法，造成抑制花生生长过度，后期落叶早，早衰现象较突出，影响了光合产物的形成和积累。多次灵活化控可确保合理生育进程，协调营养分配，有效防止早衰。肥水条件好、种植大花生的地块，在下针期至结荚中后期可根据花生长势进行 2～3 次化控，调节剂可选用多效唑或壮饱安，多效唑每次用量为 20 克/亩，壮饱安每次用量为 10～15 克/亩；一般花生田和丘陵旱地花生每次可用壮饱安 5～10 克/亩，1～2 次即可，此类地块不宜施用多效唑。

41. 花生怎样通过控针技术获得高产？

控制下针（AnM）技术是我国著名花生专家、莱阳农学院教授沈毓骏研究发明的一项花生栽培新技术，是通过控制花生下胚轴的曝光时间和植株基部的大气湿度，促进内源激素乙烯的产生，从而控制下胚轴的伸长和果针的入土时间，减少过熟果和空秕果，达到果多果饱、优质高产之目的。其技术要点：

A 环节：主要是通过培土，引升子叶节，使其露出地面（或地膜），以便控制早期花下针。花生播种后改扶平顶为尖形顶（其横断面很像一个大写字母“A”）出苗前期撤去垄顶上的浮土，仅在子叶上面保留 1 厘米厚的薄土层。

n 环节：主要是控制下针。在花生初花期，通过中耕，将垄两侧的土锄向行间，使垄形成“n”状窄埂；即使行间的土高于垄行，也要使花生行变成窄埂状。这样，有利于通风散湿，降低植株基部空间的大气湿度，同时加大果针与地表的距离，从而是减慢果针的伸长速度，达到控制早期花下针结实的目的。n 环节形成的窄埂，一般高度为 5 厘米左右，顶宽 6～7 厘米。

M 环节：主要是通过扶垄，解除对下针的控制。北方春花生一般在 6 月底或 7 月初（即收获前 80 天左右）实施 M 环节。实施方法是：用带草环的、锄板销小些的大锄，先打破表土板结层，然后在垄行中间深锄猛拉，带土扶垄，使花生行自然形成既胖且陡，顶宽不少于 20 厘米的凹(M)形垄。覆膜花生实施M环节的方法是，于下针盛期(北方春花生大体在7月中旬)，在植株基部，直径约为20厘米的膜面上，撒一层1厘米厚的细土，以助针入膜，增加结果数。

42.花生结荚期如何进行管理?

花生自50%的植株出现幼果，到50%的植株出现饱果的时期为结荚期。此期，花生不仅茎叶生长旺盛，而且荚果生长也较快，同时又是各种病虫害交替发生的时期。田间管理的主要措施：

(1)根际追肥。根据花生的果针和荚果表面都能从土壤中吸收养分，而且主要供给自身需要的特点，在花生下针期或结荚初期每亩向花生株丛内撒施10～15千克以磷和钙为主的复合肥，亩可增产50～100千克荚果，而且品质也可得到改善。

(2)叶面喷肥。可在全生育期结合喷药或单独多次向叶片正反两面喷洒叶面肥和生长调节剂。如磷酸二氢钾、花生超生宝、云大120等。若花生叶片出现严重黄化症状，可加入浓度为0.2%的硫酸亚铁溶液混合混施，每隔7～10天喷1次，连喷3～4次。喷施叶面肥能延长花生叶片的功能期，促进光合作用，有利于干物质的积累，尤其对于土壤瘠薄的沙壤土，增产效果非常明显。

(3)控制徒长。高产田花生，肥水充足，长势较旺，应把握在始花后 30 天左右，植株已经或接近封行时间隔 15 天左右连喷两次 1 000～1 200 倍“壮饱安”，能有效抑制茎枝增高，防止倒伏，促使荚果生长发育。比久(B9)及含该成分的调节剂早已禁用，多效唑(PP333)及含该成分的调节剂易引起早落叶，增产不明显或不增产。

(4)防治病虫。花生叶斑病是结荚期的主要病害，当病株率达 10%时，应及时喷施多菌灵等控制。对叶斑病与锈病或褐纹斑病混发的地块，可用 70%的代森锰锌可湿性粉剂 600～800 倍液防治。发现棉铃虫、造桥虫等为害花生心叶，选用吡虫啉、高效氯氰菊酯等杀虫剂防治。播种时未进行拌种地块，可用辛硫磷乳油随浇水灌溉或拌毒土撒施根部，防治蛴螬、金针虫等地下害虫。

43. 花生早衰是怎么回事？对产量有何影响？

花生早衰，即不到成熟期枝叶就衰黄，甚至枯落，保叶性能差，光合作用降低，导致子仁充实差，饱果率低，有的饱果率不足 50%，减产 15%～30%。

引起花生早衰的原因概括有四个方面：一是花生品种自身特性的原因。当前推广的大多数品种经济系数较高，结果性能强，库容量大，导致源库比例失调，营养生长相对较弱。二是花生本身营养特性的原因。花生对氮、磷营养的需求量大，并且60%以上积累在种子，在产量形成其需求强度较大，需要搬迁其积累在茎叶中的氮、磷撤出，转移到荚果中去，造成叶片早衰。三是土壤瘠薄。由于一次性施肥（基肥），且有机肥使用数量不足或不施，土壤保肥性差，后期营养供应不足，造成早衰。四是化控过渡、干旱、水浸等造成叶片发黄或没有很好地防治叶斑病等原因造成早衰。

44.如何预防花生早衰？

（1）选用晚衰型品种。冀花5号、冀花6号、豫花15等抗病强、后期落叶慢的晚熟的品种。

（2）增施缓施肥。增施有机肥、控释肥等缓施肥料，确保花生生育后期有较好的矿质营养供应，不脱肥。

（3）叶面喷肥。花生生育后期，叶面喷施1%～2%尿素或0.2%～0.4%的磷酸二氢钾溶液，或富含氮、磷、钾及多微元素的叶面肥2～3次，间隔1周左右喷施1次。

（4）灵活化控。根据花生长势进行2～3次化控。一般花生田和丘陵旱地花生每次可用壮饱安5～10克/亩，喷1～2次即可，此类地不宜喷施多效唑。

（5）加强叶斑病的防治。田间病叶率达到6%～8%时开始喷药，每10～15天喷施1次，连喷2～3次。

45. 花生重茬减产原因是什么?

生产调查表明:重茬一年减产12%,重茬两年减产19.8%,重茬三年减产33.4%。重茬减产的原因:一是重茬耗掉了花生所需的相同的养分,使花生所必需的养分缺乏;二是喜欢危害花生的病菌、害虫利于连年繁衍、滋生、扩大;三是根系分泌物对自身的危害;四是连作造成土壤真菌数量增加,细菌数量减少,土壤肥力衰竭;五是造成土壤酶活性下降。目前花生主产区土地大都连年种植花生,轮作换机的几率很小,致使病虫害逐年加重,产量不高,同时引起的烂果、虫果、秕果增加,蛋白质、含油率下降。

46. 如何实现重茬花生高产栽培?

花生主产区在不能轮作的情况下可采取以下几项措施实现高产。

(1)翻转深耕。即将原地表向下0～30厘米耕层土壤翻于地下,将其下7～10厘米心土翻于地表,并增施有机肥,翻转后的土壤适当增加速效肥料。山东花生研究所试验表明:翻转深耕30厘米较常规耕作20厘米,增产17.1%,较常规深耕30厘米,增产12.75%。

(2)加大有机肥的投入,重施磷、钾、钙肥,补充微量元素，增施能抑制病菌繁衍和分解有害物质的有益菌肥。有机肥既能提高土壤肥力，又有利于土壤微生物的繁衍，针对重茬造成的速效磷、钾、钙营养元素的显著减少，应重施磷、钾、钙肥。在肥料品种选择上，应尽量避免含钙量低的复合肥，应以过磷酸钙为主补充钙肥，掺入钾肥。一般中等肥力土壤亩施腐熟的优质土杂肥 4～5 方以上或腐熟鸡粪 50～70 千克，尿素 10～15 千克，过磷酸钙 75～100 千克，钾肥 10～15 千克；补施 1.5～2 千克锌铁肥和钼肥等微量元素；增施生物菌肥，特别是在沙壤重茬地上增产效果尤为明显，可根据不同品牌，掌握适宜用量和使用方法。

(3)模拟轮作。该项技术系山东万书波等提出，既充分利用花生收获后至下茬花生播种前的空隙，播种秋冬作物，通过生长着的秋冬作物根系分泌物影响和改善连作花生土壤微生物活动，并于封冻前或来年早春对秋冬作物进行翻压，进一步改善连作花生土壤微生物生物类群的组成，使之起到轮作作物的作用。实践证明，这项技术可收到良好增产效果。如生产条件、自然资源许可，秋冬作物可完全成熟收获后也不影响下茬花生种植，对秋冬作物可不进行翻压。河北大名县在春播地膜花生收获后播种一茬秋萝卜，冬前就可收获，不仅收益很好，而且实现了轮作。山东、河南以及冀中南地膜花生一般 8 月底至9月初收获，播种一茬菜籽，菜籽来年5月下旬收获，可重新整地种植地膜花生。也可种植宽幅（或20厘米行距两行小麦）大垄（垄面宽55～60厘米，垄距85～90厘米）小麦，来年5月中旬在大垄上种植地膜花生。

（4）加强病虫害的综合防治。

47. 花生轮作倒茬的原则是什么？有哪些方式？

（1）合理轮作的基本原则。作物的茬口是换茬轮作的基本依据。合理的轮作是运用作物—土壤—作物之间的相互关系，根据不同作物的茬口特性，组成适宜的前作，轮作顺序和轮作年限，做到作物间彼此取长补短，以利于每作增产，持续稳产高产。花生是豆科作物，与禾本科、十字花科等作物换茬效果好，与生态型相近的豆科作物轮作效果较差。轮作顺序，一般先安排花生，花生收获后，安排需氮较多的禾本科作物。一般情况下，花生轮作年限最好在3年以上。

（2）花生主要的轮作方式。我国北方花生产区的主要轮作方式有春花生—冬小麦—夏玉米（秋甘薯或其他禾谷类，少数用大豆或其他夏作物），冬小麦—花生—春玉米（或春甘薯、春高粱等）、冬小麦—夏花生—冬小麦—夏花生三种方式。第一、二种轮作方式是二年三熟隔年轮作制的主要形式，第三种轮作方式是一年两熟轮作制的主要方式。

48.高产花生不同生育期应有什么样的长相?

山东省花生研究所根据多年培创高产的实践,总结出了高产花生长相规律:

(1)生长前期。花生幼苗期间的高产长相是“叶浓棵壮不过旺,五枝六杈花芽藏;主根深扎根群发,茎粗节密早花放”。此期花生主茎高6～7厘米,展开复叶7～8片,第一对侧枝长7.5～8.8厘米,主根深度60厘米以上。

(2)生育中期。开花下针期的高产群体形态长相是“叶色转淡长势强,花齐针多入土忙,入土果针成幼果,叶片放大不徒长”,此期主茎高20～27厘米,展开复叶有14～16片;侧枝长26～27厘米,主根深度80厘米以上;结荚期的高产长相为“侧枝下蹲始封行,荚果膨大籽仁双,植株生长盛期至,茎齐叶厚不倒秧”,这一期结束,花生株高应控制在40厘米左右,过高或过矮都不利于高产的实现。

(3)生育后期。此期的高产形态长相是“顶叶迟落枝变黄,棵不枯衰茎刚亮;秸不倒青结饱果,青皮金壳子满堂”,这一时期主要是防治早衰。

通过看苗诊断,能够更好地发挥品种的增产作用,实现投入产出的最佳效益，是指导花生生产的基础。

49. 花生含油率受栽培条件影响吗？

正常生长的花生含油率的高低主要取决于花生品种的本身特性，如高油品种冀花 4 号含油率可达 57.65%，而出口大花生花育 25 号含油则只有 48.6%。但同一花生品种在不同的种植区域，不同种植年份，采取不同栽培措施对花生含油率均有一定影响。花生籽仁脂肪含量的变化过程基本可以划分为初始积累、快速积累和稳定积累 3 个阶段，油分积累主要集中在前两个阶段。提高含油量有提高油分积累速率和延长油分积累持续时间两个方面，花生油分积累的初始阶段持续时间长，营养生长和生殖生长并进，植株对外界条件变化相当敏感，低温、干旱、光照不足或者渍水都会显著影响花量和果针入土。此期应加大无机营养和水分供应，以充分满足植株生长需要，并调整好群体结构，以充分利用光能。花生油分快速积累阶段，籽仁油分代谢强度较高，栽培上应保证此期的水肥供应，确保地上部营养体健壮生长，较长期地维持最适叶面积水平，提高光合作用效率，保证有机物质充足供应，促进油脂代谢和转化。油分积累后期，虽然油分积累强度减弱，但脂肪绝对含量仍可继续积累，如果这时期植株早衰，特别是病虫害、田间土壤湿度过大，会导致光合功能急剧衰退和种子发芽，破坏籽仁油分合成的水分生理平衡，降低最终的含油量。因此，防止花生后期早衰、落叶显得十分重要。在合理施用氮、磷、钾肥的基础上，增施有机肥和微肥可以使花生的粗脂肪含量明显增加。花生生育过程中干旱处理对花生籽仁粗脂肪的含量存在着明显的影响。研究还表明，苗期干旱 20 天，花生粗脂肪含量比全生育期正常田间水分含量的(CK)增加 0.82％，但花针期干旱处理 10 天，则减少 1.04％，干旱 20 天减少 2.34％，干旱 30 天，减少 3.86％，说明花针期干旱时期越长对花生品质的影响越大。

50. 管理中采取哪些措施可提高花生含油率?

一切有利于花生高产的措施均有利于提高花生含油率。

(1)选择轮作两年以上沙壤土地。重茬花生不仅病虫害加重减产，同时花生的含油量也降低，沙壤土是种植油用花生最适宜的土壤类型。

(2)平衡施肥。据余常兵等研究平衡施肥可明显提高花生含油量，中花 8 号比对照提高 4.95 个百分点。深厚疏松的土层、较高的土壤肥力是实现油用花生高产优质的基础，但适宜种植油用花生的沙壤土质地块，一般土层较薄且肥力偏低，深耕改土、培肥地力至关重要。春地膜花生整地与施肥要适当提前，提倡头年入冬前将土壤深翻一次，播种前复耕一次。冬前深耕目的是蓄水保墒、活化土壤，同时增加肥料与粪土相融过程，利于花生吸收。冬前深耕须将全部有机肥、钾肥和 2/3 的氮磷肥施入，复耕时施入 1/3 的氮磷肥。在复耕前浇足底墒水，保证足墒出苗。一般亩施有机肥 3～5 方，氮肥 8～10 千克（折氢氨 45～60 千克），五氧化二磷 9～12 千克（折过磷酸钙 75～100 千克），氧化钾 9～12 千克（折氯化钾 15～20 千克），有条件的补施 1.5～2 千克锌铁肥和钼肥。目前生产上多用氮、磷、钾含量 40％上有机无机或腐殖酸花生专用复合肥，亩用量 50～60 千克，可在播前复耕时一次性施入。麦套花生在施肥上要求一体化，小麦底肥要足，麦肥要为花生所用，要达到培肥地力之目的。一般亩底施粗肥 3～5 方，40％～45％施复合肥 50 千克，或碳酸氢氨 50 千克，普钙 60～75 千克，氯化钾或硫酸钾 10～15 千克。千斤田基本要求亩施纯氮 14～16 千克，五氧化二磷 7～8 千克，氧化钾 7～10 千克，氮肥底追各半。5 月 20 日左右花生播种时后浇好底墒水或蒙头水，随水撒尿素 5～7.5 千克。在小麦收割后初花前，结合浇水追腐殖酸型花生专用肥（氮磷钾含量在 40％以上）35～40 千克，用独脚耧耩入土壤内。

（3）起垄种植，覆膜栽培。据胡文广等试验，夏播花生覆膜和裸栽植脂肪含量提高 0.504%。在地势平坦、土层深厚、排灌条件好的中等以上肥力地块，种植油用花生最好采用地膜覆盖种植，无地膜覆盖条件的也应采取起查种植。

(4)适期播种。据程赠书等研究，适宜播种期内，随着播种时间的推迟，脂肪含量呈下降趋势。所以油用花生最好采用春播或麦套种植。

(5)合理密植。据王才斌等研究，在一定范围内，密度增加，单株果数减少，饱果率提高。饱果率增加显然能提高花生含油量。

(6)适时收获，确保高产高油。花生适时收获，不仅能提高产量，而且能提高油分品质。如收获过早，多数荚果尚未充分成熟，种子不饱满，出米率低，不仅影响产量，而且成熟度不够的种子内游离脂肪酸多，油酸、亚油酸比值低，不耐储藏，用于榨油，油脂品质差；如收获过晚，不仅容易落果，造成收获上的困难，而且会使部分种子变质，甚至腐烂，造成不必要的产量损失。在我国北方花生产区，收获过晚，还有遭受冻害的危险，花生受冻害后，含油量降低而酸值增加，品质变差。此外，花生临近收获前浇水或遇雨，易引起花生在土壤中发芽，特别是休眠期短的品种，要注意适时提早收获。

51. 花生对水分有什么要求？如何做到合理灌溉？

花生需水总的规律是两头少、中间多，即幼苗期需水少，开花下针期和结荚期需水多，饱果成熟期需水多。幼苗期土壤水分不宜太多，大花生土壤水分以土壤田间持水量的50%～60%，小粒花生土壤含水以田间持水量的50%为宜。开花下针和结荚期，花生生长发育最旺盛，是花生一生中需水量最多时期，也是花生需水临界期。此期以土壤田间持水量的60%～70%为宜，饱果成熟期对水分需要量减少，土壤含水量占田间持水量的50%～60%最为适宜。

花生的合理灌溉可概括为“燥苗、湿花、润荚”，需根据各地区降水量、雨量分布、土壤条件以及花生各生育阶段即对土壤水分的需求来确定。据山东花生研究所实验，花生花针期遇旱灌水，能够增加前期有效花，提高结实率和饱果率。花针后期和结荚期是花生需水的敏感期，这两个时期遇旱将导致花生大幅度减产，当叶色浓绿，中午叶片轻微萎蔫，傍晚能恢复时，要及时浇水。春花生中后期和夏花生中期遇旱浇水应避开中午前后阳光强、地温高而引起烂针、烂果。

52.高产花生对土壤条件有什么要求?

花生高产要求较好的土壤条件,且有不同于其他作物的特点。一是花生为地上开花地下结果的作物,要求较深厚的土层和上松下实的土体结构;二是花生与根瘤菌共生,既要求土壤适宜于根系的生长及果针的膨大结实,又要求有利于结瘤和共生固氮;三是花生为高油分和高蛋白作物,要求土壤环境提供更完全的养分。花生根系主要分布在0～30厘米的土层,主根则达1米以上,果针入土一般在0～10厘米的表土层。所以高产花生要求深、活、松的土体构造和上松下实的土层结构。全土层深厚,要达到1米以上,耕作层暄活,耕深30厘米以上,蓄水保肥力强,表土层疏松,通透性良好,有机质含量1%以上,全氮含量0.05%～0.07%,速效磷含量24～25毫克/千克,速效钾含量54～74毫克/千克,pH 7～8,3年以上没有种过花生地块。

53.花生需肥和吸肥有什么规律和特点?

花生在生育过程中需要吸收多种营养元素,其主要需肥规律为:①花生所需氮素主要来自根瘤菌固氮,在一般栽培条件下,花生所需氮素的2/3来自根瘤固氮。但随着氮肥施用量的增加,根瘤固氮量减少。增施磷肥,可促进根瘤发育，根瘤增大，数量增加，固氮量增加，起到了以磷增氮的效果。②花生对氮、磷、钾的需要量是两头小，中间多，花生在全生育过程中，对氮、磷、钾的吸收量是幼苗期和饱果期少，开花下针期和结果期多。③花生需钙量大，花生对钙的需要量高于磷，接近于钾，与同等产量水平的其他作物相比，为大豆的2倍，玉米的3倍，水稻的5倍，小麦的7倍。

花生的吸肥特点为：①根系的吸肥特点。花生所需要的营养元素绝大多数是通过根系吸收。根系吸收养分的分配顺序是，首先运转到茎叶中去，然后再运到果针、荚果中去，地下部同列侧根吸收的养分，优先和多数供给地上部同列向侧枝，运往相反方向侧枝的数量很少。根系吸收的磷素，有相当一部分供给了根瘤菌的繁殖。根系吸收的钙素，除根系本身需要之外，大部分输送到茎叶中去。②叶片的吸肥特点。花生叶片有直接吸收营养元素的能力，所吸收的养分能在植株体内同化和运转。叶部吸收营养元素的强度以花针期和结荚期大。③果针、幼果的吸肥特点。花生的果针和幼果也有直接从土壤中吸收营养元素的能力。花生荚果所需要的钙素，主要依靠荚果本身从土壤和肥料中直接吸收，荚果中的钙有80％以上来自果针和幼果的直接吸收。

54.氮在花生生长中的作用如何？缺氮表现怎样的症状？

氮对花生的生命活动有重大作用，直接或间接地影响花生的代谢和生长发育。氮供应适宜时，蛋白质合成量大，细胞的分裂和增长加快，花生生长茂盛，叶面积增长快，叶色深绿，光合强度高，荚果果实饱满；氮供应过多，尤其是磷、钾配合不当时，会造成植株营养失调，营养体过旺徒长，生殖体发育不良，植株贪青晚熟或倒伏，结果少，荚果秕；氮供应不足时，蛋白质、核酸、叶绿素的合成受阻，花生植株矮小、叶片黄瘦，分枝少，光合强度降低，产量降低。

55.磷在花生生长中的作用如何？缺磷表现怎样的症状？

磷是遗传物质必需成分，参与植物体内的碳氮代谢过程，对光合作用、蛋白质的形成和油分转化起着重要作用。磷供应充足时，可促进花生根系发育，提高花生对不良环境的抗逆能力。花生植株中磷的临界值为0.2%，缺磷时明显症状：植株生长缓慢，矮小，分枝，根系发育不良，次生根很少，叶色暗绿无光泽，下部叶片和茎基部常呈红色或有红线。花生苗期在天气寒冷的情况下，往往出现严重缺磷症状，当天气转暖、根系扩展后，缺磷症状一般就会逐渐消失。

56. 钾在花生生长中的作用如何？缺钾表现怎样的症状？

钾有高速通过生物膜的特性，能与多种酶进行活化，所以，钾广泛影响着花生的生长与代谢。钾供应充足时，植株生长快，酶的活性强，从而提高了光合强度，尤其是弱光下的光合强度。钾能促进氮的吸收和根瘤固氮，提高抗旱和抗寒能力。钾能平衡氮、磷营养，部分消除因氮、磷施用过多而造成的不良影响。花生缺钾的症状表现为叶片浓绿，由老叶开始在小叶的边缘或叶尖出现黄斑，严重缺钾时叶色甚至变褐；叶片生长不匀称，常出现卷曲或发生波纹，影响光合作用与物质运转。

57. 钙、硫在花生生长中的作用如何？缺钙、硫表现怎样的症状？

钙肥能促进花生体内蛋白质和酰胺的合成，减少空秕率，增加荚果饱满度。花生吸收的钙主要保存在茎叶中，荚果发育需要的钙主要依靠果针、幼果和荚果从土壤中直接吸收。因此，钙作为基肥使用，施于结实层有利于荚果发育。花生需钙仅次于氮、钾，花生缺钙会引起荚果发育不良，种子发育受阻，果小仁秕，果壳肥厚，种子败育形成空壳。有时种子发育正常，但称为“黑胚芽”。缺钙还会导致果壳组织松软，容易烂果。

硫是蛋白质合成的必要元素，花生合成蛋白质每同化15份氮就需1份硫。硫还能促进根瘤形成，增强子房柄耐腐烂能力，使花生不宜落果和烂果。花生缺硫和缺氮症状相似，所不同的是缺硫黄化首先表象在顶端叶片。

58.花生生长中需要的微量元素有哪些？缺乏症状有何表现？

铁元素。花生缺铁时，植株矮小，分枝少，开花迟，花量少，根瘤少，根系发育差，心叶以下的1～3片复叶叶肉部分明显失绿，但叶脉仍为绿色。严重时，叶脉失绿、黄化，上部叶片呈黄白色，久之叶片出现褐色坏死斑，直至叶片枯死。

镁元素。土壤中缺镁花生顶部叶片叶脉间是绿，茎秆矮化，严重时造成植株死亡。预防措施是叶面喷施0.5%硫酸镁溶液1～2次。

硼元素。花生缺硼时，植株矮小，分枝多，呈丛生状，展开的心叶叶脉颜色浅，其余部分色深，浅绿相间，叶片小而皱缩，叶尖发黄，逐渐向外扩大，叶缘干枯，叶枕有褐色痕，使叶柄不能挺立，甚至下垂，老叶颜色灰暗，植株开花少甚至无花，根容易老化，扩杈能力弱，须根很少，根尖端有黑点，易坏死，果仁发育不良，易形成有壳无仁的空心果。

锰元素。花生缺锰时，叶片的脉间部分黄化，而叶脉仍趋向于保持绿色。预防及补救措施：从花生播种后30～50天始，到收获前15～20天止，用0.1%硫酸锰溶液每隔10～14天喷1次；必要时，可与防治花生叶斑病的杀菌剂混合施用。

锌元素。花生缺锌时，叶片发生条带式失绿，条带通常在最接近叶柄的叶片上，严重时，则整个小叶失绿。

钼元素。花生缺钼时，由于根瘤菌的固氮作用受阻，因而通常表现为典型的缺氮症状；另据国外研究，即使在完全无钼的情况下，花生也能继续开花结果，只是生长受到抑制。

59. 花生缺素症如何防治？

(1)防治缺氮。一是施足有机肥。二是接种根瘤菌，增施磷肥促其自身固氮。三是始花前10天亩施用硫酸铵或尿素5～10千克，最好与有机肥沤15～20天后施用。四是后期缺氮可叶面喷施1%～2%尿素水。

(2)防治缺磷。每亩用过磷酸钙15～25千克与有机肥混杂沤制15～20天作基肥或种肥集中沟施，发现植株缺磷，应立即用2%～3%的过磷酸钙澄清溶液喷洒。

(3)防治缺钾。一是施用草木灰150千克，二是每亩用氯化钾或硫酸钾5～10千克。发病后应及时叶面喷施0.3%磷酸二氢钾。

(4)防治缺钙。酸性土施入适量石灰、石灰性泥土施入适量石膏(硫酸钙)，硫酸钙是一种生理酸性肥料，除了供给花生钙和硫外，也可用于改良盐碱土，施用量每亩50～100千克，也可在花期追施，每亩25千克左右，必要时用0.5%硝酸钙或1 500倍液瑞培钙叶面喷施。

(5)防治缺硫。恰当施入硫酸铵或含硫的过磷酸钙。

(6)防治缺铁。一是基施易溶性的硫酸亚铁(又称黑矾)，其含铁量19%～20%，亩施入0.2～0.4千克，最好与有机肥或过磷酸钙混施；二是用0.1%硫酸亚铁水溶液浸种12小时；三是在花针期或结荚期喷施0.2%硫酸亚铁水溶液，隔5～6天1次，延续喷叶2～3次。

(7)出现缺镁。喷施0.5%硫酸镁溶液。

(8)防治缺硼。土壤可用硼酸作基肥，每亩使用200～300克，种子用0.02%～0.05%的硼酸水溶液浸种4～6小时，花盛期用0.1%～0.2%的硼酸水溶液喷洒1～2次。

(9)防治缺锰。最好用23%～24%易溶的硫酸锰，每亩1～2千克作基肥，必要时可用0.05%～0.1%硫酸锰溶液浸种或叶面喷施，隔7～10天再喷1次。

(10)出现缺锌。用1%～2%硫酸锌溶液叶面喷施。

(11)防治缺钼。在花生苗期和花期，用0.1%～0.2%钼酸铵溶液叶面喷施。

60.花生施肥的原则是什么？有哪些方法？

花生施肥的基本原则：①有机无机肥相结合的原则。施用有机肥能够活化土壤，改良土壤结构，配肥地力，且养分较全，但含量低，肥效迟。无机肥养分含量高，肥效快，二者配合施用，可以弥补不足，并相互作用，提高土壤中的微生物的活化力和有机肥的分解速度，将各种营养成分转化能够被花生吸收，从而提高肥料的利用效率。②以基肥为主，追肥为辅的原则。花生吸肥的高峰在开花期前后，根系的吸收能力在开花下针期最强，同样数量的肥料作基肥比追肥效果好得多。但漏水、漏肥的沙质土地后期宜脱肥早衰，则要酌情追速效肥。③前后茬施肥统筹原则。花生有吸肥的特性，高产花生所需的营养大多来自原土壤，因此中等肥力以上地块，前茬施肥比当茬施肥效果好。

花生施肥的方法：①基肥和种肥。北方春花生所用肥料都应在播种以前作为基肥施足，采用全层施肥法并以深施为主。基肥的2/3(包括有机肥和氮、磷等化肥)结合耕翻施入犁底，1/3 的基肥结合春季浅耕或起垄做畦施入浅层以满足生育前期和结果层的需要。钾肥应全部深施（施入结果层以下）、早施，避免集中施在结果层，以防结果层含钾过多，阻碍荚果对钙的吸收。钙肥的施用应考虑土壤的酸碱性，在 pH 5 以下的酸性土壤上，可结合耕翻全层施用；在偏碱性的土壤上，不能施用钙肥。在土壤肥力地的地块，可以 1/3 的肥料作种肥开沟集中使用，注意肥料与种子隔离。②追肥。春花生基肥一次性施足，很少追肥。麦套和麦后直播田追肥，宜早不宜晚。③喷施叶面肥。花生叶片具有很强的吸肥功能，而且利用率很高。

61. 怎样确定花生施肥量？

花生施肥量应根据土壤肥力和目标产量来确定，不同营养元素的需求可由下式求得：

肥料需求量=［（花生单位产量养分吸收量×目标产量）－（土壤测定值×0.15×校正系数）］/（肥料中养分含量%×肥料当季利用率%）

利用该公式计算肥料需求量的需求优点是：可根据土壤各种养分具体含量，确定各种不同肥料的用量。但在实际大田生产中要测得每一块花生田的土壤有效养分是不现实的。在土壤有效养分未知情况下，可采用补偿施肥法来确定花生肥料需求量。该方法是根据每100千克荚果各营养元素吸收量及各营养元素的吸收特点来确定。

每生产100千克荚果吸收氮5.0～5.5千克、磷0.9～1.0千克、钾1.9～3.3千克，其三要素比大体为5∶1∶2。花生对氮、磷、钾化肥的当季利用率分别为41.8%～50.4%、15%～25%、45%～60%。

低中产田施肥量和比例：低中产田土壤缺氮贫磷，增施氮肥，尽管根瘤菌的供氮量减少，但花生大幅度提高产量，因此要获取亩产荚果200～300千克的产量，要根据花生实际需求量，采取氮、钾全量施肥，磷素加倍施的比例。即氮10～15千克、磷4～6千克、钾5～7.5千克。

中、高产田施肥量和比例：中、高产土壤氮水平较高，磷、钾水平相对较低，为了提高磷、氮比率和维持根瘤菌的供氮水平，应根据亩产荚果400～500千克花生的实际需肥量，采取氮减半，磷加倍，钾全量的比例，即施氮11～13.8千克、磷8～10千克、钾12～16千克。

中等以上肥力施肥比例：氮∶磷∶钾∶钙＝5∶1∶2∶2，但是由于花生的固氮作用，氮肥可以减量1/3～1/2。酸性土壤用钙镁磷肥（20千克），碱性土壤上用10～15千克过磷酸钙以补充钙肥。

62.什么是配方施肥？花生配方施肥有什么好处？

花生配方施肥是根据花生的需肥规律，土壤的供肥性能与肥料的效应，在增施有机肥的基础上，按照氮、磷、钾和微量元素的适宜用量，进行科学配比，合理使用，以满足花生生长发育对各种营养元素的需求。

花生配方施肥有以下好处：①提高经济效益。配方施肥比习惯施肥可增产花生荚果16%～24%，亩增效益100元以上。②提高化肥利用率。氮、磷化肥配合施用，氮肥利用率比单施氮肥的提高7.33%，磷肥利用率比单施磷肥的提高3.58%。氮、磷、钾肥配合施用，氮肥利用率提高2.0%～6.1%，并明显地促进了根瘤菌固氮，根瘤菌固氮率比不施钾的提高13.15%～21.23%，磷肥利用率提高1.6%～6.1%。③改善花生的产量结构。饱果数明显增加，平均单株增加2个左右，秕果减少，品质提高。④提高土壤肥力。配方施肥后，各种化肥的损失率明显减少，在土壤中的残留率有明显增加。据测定，氮肥的损失率降低2.37%～16.14%，残留率增加2.52%～7.25%。磷肥的损失率降低2.81%～4.39%，残留率增加2.68%～4.02%，表明土壤肥力明显提高。

63. 为什么沙地对有机肥要求较高？如何使用有机肥？

种植花生一般在沙质土壤，这类土壤有机质含量低，团粒结构差，漏水漏肥，所以花生要高产就得改善土壤条件，增加有机质，活化土壤，改善土壤结构，培肥地力，提高供肥供水能力。有机肥的使用是改善土壤条件的必需条件，含有大量的有机质，而且养分齐全，供肥持久，越瘠薄的沙土地，要求有机肥越多才能达到改良的目的。有机肥的使用方法一般有三种：一是经过发酵加工后施入农田即沤肥；二是秸秆直接还田；三是利用作物秸秆、食品下脚料、动物粪便等有机质进行发酵、加工制成颗粒或其他剂型施入土壤或喷施叶面；四是与化学肥料混合后施入农田，现在推广的有机无机复混肥就是这种方式。

64. 生物菌肥在花生上应用前景如何？应注意哪些问题？

生物菌肥是以微生物的生命活动导致作物得到特定肥料效应的一种制品，是农业生产中使用肥料的一种。一个时期以来，由于连年大量施用化肥给土壤带来盐碱板结、土壤结构被破坏、特别使分解病虫的拮抗微生物、解磷菌、解钾菌以及平衡土壤养分的有益微生物受到抑制和破坏，花生根腐病、缺铁性黄叶病及蛴螬等病虫害成逐年加重的趋势，给花生生产造成严重障碍。目前研究发现，含有芽孢杆菌包括胶质芽孢杆和枯草芽孢杆菌、嗜热侧孢霉等的生物肥具有全价营养、驱虫防病的功效，其中含有嗜热侧孢霉的和阳清调补、微冠王等微生物菌肥在抑制根腐、蛴螬、缺铁黄叶病及抗病增产方面功效独特，特别是重茬花生使用生物菌肥能抑制真菌的发生，明显提高地力。相信随着科学的进步，研究和生产发展的需要及监督制度的完善，生物菌肥一定能健康有序地发展，为农业增收特别是花生增产发挥其应有的作用，前景将是非常广阔的。

在施用过程中应注意以下几点：

(1)有效期。目前，我国生物菌肥有效菌存活时间超过 1 年的不多，所以最好选用当年生产的生物肥。

(2)使用方法及时期。采用拌种、集中沟施效果甚好，而且单施效果不如与适量化肥混合使用效果好。生物菌肥不是速效肥，在作物的营养临界期和营养大量吸收期前 7～10 天施用，效果最佳。

(3)混合。不应将菌肥与杀菌剂、杀虫剂、除草剂和含硫的化肥(如硫酸钾等)以及稻草灰混合用，因为这些药、肥，很容易杀死生物菌。或者先施菌肥，隔 48 小时后，再打药除草。若拌种，切忌和已拌好杀菌剂的种子混合使用。还应防止与未腐熟的农家肥混肥。

65. 花生叶面喷肥起什么作用？怎样应用？

花生叶片具有很强的吸肥功能，并能运转到植株各个部位。采用叶面施肥具有肥料吸收率高、节约用肥、增产显著的效果，特别对花生缺素症有很大缓解和治疗作用。花生生长旺盛，叶面吸收更快，或者在连续阴雨天，土壤中水分较多，花生根系吸收养分困难时，叶面施肥效果更加显著。花生中后期喷施叶面肥对防早衰，提高光合作用效率，促饱果有显著促进作用。在生产中适合用作叶面肥的肥料和使用方法如下：

(1)磷酸二氢钾。一般用浓度 0.2%的磷酸二氢钾溶液喷施 2 次，每亩每次喷溶液 55～60 千克，如叶面偏黄的，可加入 0.5%的尿素液混合喷施，增产效果更为显著。

(2)硼肥。花生进入荚果充实期喷施硼肥，一般在盛花期和荚果充实期各喷 1 次，每次每亩用硼砂 120 克，先用少量温水将其溶解，再加入 50 千克清水稀释后喷洒叶面。

(3)钼肥。花生盛花期和荚果充实期喷施钼肥，可促进荚果充实饱满，每亩每次用钼酸铵 50 克，兑水 50 千克稀释后喷施，再过 7～10 天喷第二次，连续喷 1～2 次。

(4)铁肥和锌肥。花生对铁极为敏感,秋花生盛花期和荚果充实期各喷 1 次 0.4%的硫酸亚铁,可增产 10%以上。如在铁肥中加锌肥混合喷施,增产效果更好。每亩每次用硫酸亚铁 160～200 克、硫酸锌 100 克,加水 55 千克稀释后均匀喷施即可。

(5)光合微肥。光合微肥在花生上施用,不仅能满足其对多种微量元素的需要,而且还能抑制光呼吸,减少消耗,提高光合效能,促进荚果充实饱满,可增产 7%以上。在花生盛花和荚果充实期各喷 1 次,每亩每次用光合微肥 100 克,加水 50 千克,选择阴天或晴天下午喷施。

(6)稀土。稀土能促进荚果发育和充实饱满,在盛花期和荚果充实期每亩用农用硝酸稀土 15 克或稀土动植宝 50 毫升,加水 50 千克,稀释后均匀在阴天或晴天下午喷施。

在喷施叶面施肥时,要根据花生生长情况和生育时期确定喷施时间,一般应在生育后期施用。在喷施时要选择无风阴天,或晴天上午 9 时前和下午 4 时后喷施,不要在高温时喷施,防止伤害叶片,雨天不宜喷施,如果喷后 4 小时遇雨,应雨后补喷。配施浓度要严格控制,浓度过低效果不明显,浓度高易伤害叶片,造成肥害。在喷施时要喷匀喷细,最好是叶的正反面都要喷到,这样更有利于花生叶面吸收。

66. 花生“肥效后移”技术有哪些作用？

花生由于地膜覆盖栽培及地下结果等原因不便追肥，多在播种前一次性施肥，造成前期旺长倒伏，后期脱肥早衰，叶斑病加重，落叶早，荚果充实性差，影响产量和品质。肥效后移技术是指采用缓控释肥、有机肥、有机无机复合肥、生物有机肥等缓释长效肥料，延缓肥效期，增强中后期肥效，可以控制前期旺长，防止后期脱肥早衰，提高肥料利用率，降低肥料对环境的污染。

67. 花生控释肥有什么特点？怎样应用？

缓控释肥是在传统肥料外层包一层特殊的膜，根据作物养分需求，控释养分释放速度和释放量，使养分释放曲线与作物需求相一致。控释肥释放养分快慢取决于温度，白天温度高释放快，晚上温度低释放慢，而植物也是白天温度高的时候光合作用强。该肥料突出特点是按照作物生长规律曲线同步供给有效养分，从而使肥料养分有效利用率得到大幅度提高，在确保作物生长的前提下，与同浓度肥料相比，肥效利用率可提高 30％以上，可使传统化肥的用量大大减少。缓控释肥具有减少施肥量、节约化肥生产原料（煤、电、天然气）、提高肥料利用率、减少生态环境污染等优点。使用花生控释肥应

注意以下事项:

一是肥料种类的选择。目前缓控释肥根据不同控释时期和养分含量不同有多个种类,不同控释时期主要对应于作物生育期的长短,不同养分含量主要对应不同作物的需肥量,因此施肥过程中一定要有针对性地选择施用。在花生上使用以低氮高磷高钾型配方为好。作为底肥条沟施用,施用量因产量、地力不同而异,一般每亩施用量为40~50千克。

二是施用时期。缓控释肥一定要作基肥或前期追肥,即在作物播种时或在播种后的幼苗生长期施用。

三是施用方法。施用控释肥要做到种肥隔离,沟(条)施覆土,一般要求种子和肥料的间隔距离在7~10厘米,施入土中的深度在10厘米左右。

68.什么是花生标准化生产?有何重要意义?

花生标准化生产是以花生为对象的标准化生产活动,即以花生科学研究成果和生产实践经验为基础,运用"统一、简化、协调、选优"的原则,通过对花生生产过程的有关方面和环节制定标准、实施标准,同时对标准的实施进行有效监督,把花生产前、产中、产后各个环节纳入标准化生产和标准化管理的轨道。告诉农民在生产过程中用什么品种、何时下种、何时施肥、施多少肥、何时收获、收获物按何种规格和标准进行分级、分类等。

近几年来，我国花生生产水平有了较大提高，但还存在发展不平衡，品质较差等问题，与国民经济发展和人民生活需要，以及与先进国家相比还有一定差距。要改变这样的面貌，必须充分发挥科学技术的作用，配合实施相应的生产标准和技术标准。实施标准化生产不仅是打破国外技术壁垒、扩大花生出口的需要，同时也是利用技术手段促进花生生产，为试产提供安全优质的花生及制品，提高农民收入，保障人民身体健康的需要；花生标准化生产是现代化农业建设的一项重要内容，是“科技兴农”的载体。它是通过把先进的科学技术和承受的经验组装成花生生产标准，推广应用到花生生产和经营活动中，把科技成果转化为现实的生产力，从而达到高产、优质、高效的目的，取得最佳的经济、社会和生态效益。

69. 无公害花生对产地环境、施肥、农药有什么要求？

(1)产地环境。①产地必须选择在生态环境良好、无或不直接受工业“三废”及农业、城镇生活、医疗废弃物污染的农业生产区域；②要远离公路、车站、机场、码头等交通要道，以免对空气、土地、灌溉水的污染，产地离主干路100米以上；③产地区域或上风向灌溉水源上游没有对产地环境构成威胁的污染源，包括工业“三废”、农业废弃物、医院污水及废弃物、城市垃圾和生活污水等污染源。

（2）施肥。生产无公害花生所施的肥料，必须符合以下要求：肥料中不得含有对花生品质和土壤环境有害的成分，或有害成分严格控制在标准规定的范围以内；肥料质量必须符合国家标准或行业标准的有关规定；商品肥料必须获得国家农业部或省级农业部门的登记证书（免于登记的除外）；农家自积自用的肥料，必须经高温腐熟发酵，以杀灭各种寄生虫卵，病原菌和杂草种子，使之达到无害化的卫生标准。无公害花生生产，只允许限量使用限定的化学肥料，如尿素、磷酸二氢钾、硫酸钾、过磷酸钙和花生专用肥等。施用时，必须与农家肥配合使用，也可与商品有机肥、微生物肥等配合使用。限量使用含氯化肥，禁止使用硝态氮肥。

（3）农药。花生无公害病虫害防治，必须贯彻“预防为主，综合防治”的植保工作方针，突出生态控制，应用农业、生物、物理和化学相结合的综合防治技术。严格控制农药残留不超标，严禁使用国家规定的禁止使用的高毒、高残留具有三致（致癌、致畸、致突变）作用的农药。使用农药时要严格按照农药使用说明书科学操作。

70. 绿色食品花生对产地环境、施肥、农药有什么要求?

(1)产地环境及土壤条件。①产地必须选择在生态条件良好,无或不直接受工业“三废”及农业、城镇生活、医疗废弃物污染的农业生产区域;②产地要远离公路、车站等交通要道,以免对空气、土壤、灌溉水的污染;③产地灌溉水源上游没有对产地环境构成威胁的污染源,包括工业“三废”、农业废弃物、医院污水及废弃物、城市垃圾和生活污水等污染源;④农田土壤重金属背景值高的地区以及与土壤水源有关的地方病高发区,不能作为绿色食品产地;⑤产地农田土壤必须符合农田土壤环境质量指标要求;⑥选择地势平坦、土壤结构适宜、理化性状好、土层30厘米以上的轻壤或沙壤地,地力中等以上,旱能浇、涝能排、不内涝、不高燥的生茬地或轮作倒茬地块。

(2)施肥。①以有机肥为主,花肥为辅。有机肥要高温堆肥,充分腐熟。禁止使用硝态氮肥,以减少花生植株体内硝酸盐的积累;尽量不使用或少施普通过磷酸钙,不用氯化钾,尽量不单独使用锌肥和硼肥,以防镉金属含量超标。②推广应用生物肥料、氨基酸肥料以及酵母菌肥。

(3)农药。绿色食品并非禁用农药,关键是科学用药,要轮替和隐蔽用药,要选生物农药及高效、低毒低残留有选择性的化学农药。禁用农药包括：无机砷杀虫剂、有机砷杀菌剂、有机锡杀菌剂、有机汞杀菌剂、氟制剂、有机氯杀虫剂、有机氯杀螨剂、卤化烷类熏蒸杀虫剂、有机磷杀虫剂、有机磷杀菌剂、氨基甲酸酯杀虫剂、二甲基甲脒杀虫杀螨剂、拟除虫菊酯类杀虫剂、取代苯类杀虫剂、植物生长调节剂、二苯醚类除草剂。

四、高效种植模式

71. 花生地膜覆盖为什么会增产？

花生地膜覆盖栽培之所以能增产，其主要原因是：

(1)增温调温，明显促进花生生育过程。花生生育前期覆膜，0～5 厘米土层日平均地温比露地高 2.5～3.9℃，生育后期高 0.6～1.1℃，全生育期平均增高 1.4～2.7℃。在花生生育中期，正值自然高温期，由于群体覆盖度增大，太阳辐射热不能被地面吸收，加之地膜的相对不透气性，从而抑制了气化热的侵袭，保持了花生的适宜温度，起到了调温作用。

(2)保墒提墒，增强花生的抗旱防涝能力。由于地膜的相对不透气性，保持了土壤的湿润。当久旱不雨，由于膜的隔断作用，又防止了土壤水分的大量蒸发散失，使土壤水分多保持在耕层表面，起到了良好的保墒作用。如降大雨、暴雨，覆膜还有防止水土流失和防涝的效果，从而相对地提高了花生的防涝能力。

(3)保持土层疏松,促进根系发育和果针入土结实。地膜覆盖栽培在花生生育期间,处于免耕状态。因而保持了原来的土壤疏松度。降大雨时,地膜能减少降雨的冲击力,保护土层结构。为花生结实创造了良好的条件,利于根系发育和果针入土结实。

(4)活化土壤微生物、增强酶的活性,释放土壤养分。据测定,覆膜土壤中,真菌、放线菌、细菌的生理群数量都高于不覆膜的土壤,从而加速了土壤中营养物质的分解和转化,最大限度地满足了花生对土壤营养的需求。

(5)改善了田间小气候,提高花生群体的光合产量。花生覆盖地膜后,一方面,能够增加花生株行间的光照强度;另一方面,覆膜后薄膜表面光滑,减少了空气流动的阻力,近地表风速比露地栽培增加,有利于空气中二氧化碳的补给交换,从而提高了花生群体的光合产量。

72. 花生地膜覆盖应注意哪些问题?

(1)选择高肥力地块,增产效果明显。

(2)播种前要施足底肥,因为地膜覆盖花生不宜追肥,而且在高温高湿下,肥料分解快,利用率高,容易出现脱肥早衰,目前推广的花生专用控释肥可有效解决这一难题。

(3)覆膜花生起垄要平,膜面要宽,膜不封死沟,坡要陡，种植行距台边要在10厘米以上。

(4)覆膜前要喷施除草剂，实现不漏喷、不重喷，浓度适量。

(5)先播种后覆膜花生，注意破膜出苗壅土防风、烫苗闪苗，过后要注意清枝抠枝。

(6)结荚初期要注意防徒长，后期注意防早衰，有渍涝发生，应及时揭膜，防烂果。

(7)收获期注意清理残膜，防止白色无染。

73.地膜覆盖花生怎样实现自行破膜、引升子叶节、避免“闪苗”？

(1)人工覆膜花生，要在播种穴上方盖5厘米高的湿土堆，可促使花生苗自行穿透地膜，将子叶节升出土面，然后撤土回沟。

(2)目前机械播种覆膜花生于垄面覆膜之上沿两个种植行压沟，沟内覆土，沟深2～3厘米，覆土厚2～4厘米，可使所覆地膜实落不浮动，利于花生子叶节顶出土面，可自行破膜引苗，因而可使所有分枝都在膜上生长，无膜下压枝现象。这样有效避免了人工抠膜出现烫苗、闪苗、膜下压枝等减产现象。

74.花生间作套种高效种植模式有哪些？

(1)花生与玉米间作。在丘陵旱地，多以花生为主间作玉米，间作方式一般为 8～12 行花生间作 2 行玉米，种植花生株数接近单作花生，间作玉米为每亩 800～1 000 株。在平原沙壤土，多以玉米为主间作花生，间作方式一般为 2～4 行玉米间作 2～4 行花生，种植玉米株数接近单作玉米，间作花生为每亩 0.2 万～0.4 万穴。河北、山东创出地膜花生每隔三垄(6 行)花生种植一行玉米模式，花生正常栽培，玉米稀植每亩 1 000～1 200 株(图 6)。

图 6　花生与玉米间作

(2)花生与甘薯间作。花生与甘薯间作是利用甘薯扦插时间晚，前期生长缓慢，而花生播种早，收获也早等特点，争取季节，充分利用地力与光能，在影响甘薯很少的情况下，增收一定数量的花生。主要分布在华南及安徽、山东、浙江、四川等省的丘陵旱地和沿海沙地。

(3)小麦套种花生。小麦套种花生主要有小沟麦套花生、大沟麦套花生、大垄宽幅麦套覆膜花生、小垄宽幅麦套花生、普通畦田麦套花生等种植模式。小沟麦套花生的种植规格为：垄距45～50厘米，垄高7～10厘米，垄宽14～16.5厘米，沟内播2行小麦，麦收前15～25天在垄顶套种1行花生。大沟麦套花生的种植规格为：垄距80厘米，沟宽26～33厘米，沟内播2～3行小麦，垄宽50厘米左右，垄高7～10厘米，麦收前20～25天在垄上套种2行花生。

(4)花生与甘蔗间作。在四川、广东、福建、广西、江西等省(区)甘蔗产区适合种花生的地块，利用甘蔗春发较迟，前期生长缓慢的特点，在甘蔗的行间间作花生，在甘蔗基本不减产的情况下，可以获得一定的花生产量。甘蔗间作花生的种植规格有1∶1、1∶2、1∶3等，即1行甘蔗间作1～3行花生，甘蔗行距宜在1.0米以上。

(5)花生与西瓜间作。花生间作西瓜是近几年发展起来的一项高效益间作方式，在山东、河南、江苏、安徽等省有较大的种植面积。花生间作西瓜的种植有4∶1和6∶2等规格。4∶1的种植规格是4行花生间1行西瓜。西瓜应选用早熟优质品种，花生应选用早、中熟高产品种。西瓜应提前40天采用阳畦营养土纸筒育苗，长江流域于3月下旬或4月上旬移栽，而在北方大花生产区一般应于4月下旬移栽,并可用薄膜拱棚保护地栽培。花生一般于5月上中旬播种,播种前应施足基肥。

(6)果林地间作花生。利用果树、桑树、油茶、茶叶及用材幼林间隙间作花生,不仅可以增产花生,增加收益,而且可以减少土壤冲刷,提高土壤保水保肥抗旱能力,促进果林丰产。果林地间作花生,花生的种植规格和密度应根据林木空间的大小、树龄和树木长势的强弱而定。幼林树冠小,根群分布范围也小,间作花生可离树干近一些;成林树冠大,根群分布范围亦大,间作花生可离树干远一些。一般情况下,幼林间作花生,边行花生可距树干35～70厘米;成林间作花生,边行花生可距树干70～100厘米。间作花生的种植密度因土壤肥力、花生品种而异,一般行距为26～40厘米,穴距为16～20厘米。间作时,花生要施足基肥,果树林木也要根据其需肥规律施足肥料,以解决与花生争肥的矛盾。

(7)花生与棉花间作。这种间作方式,实际上是在麦棉套的基础上,以麦、棉两作套种(六二式)为主,一年三熟制的间作套种方式,当小麦成熟收获前15～20天,在麦垄内点种花生。小麦收获后棉花呈宽窄行种植,宽行140～160厘米,窄行40厘米,花生为200厘米等行距(图7)。

图 7　花生与棉花间作

(8)花生与芝麻间作。每 4～5 行花生间作 1 行芝麻，一般每亩 0.65 万穴左右，芝麻 2 000 株。

(9)花生与烟叶间作。间作方式为 2 行花生 1 行烟叶，这种方式烟叶的密度基本不变，花生密度有所减少。一般烟叶行距 89 厘米，株距 40 厘米，每亩 1 800 株。在烟叶行内间作 2 行花生，株距 20.6 厘米，每亩 0.55 万穴左右。

75.麦套花生有哪些套种模式？

适宜的种植模式是实现小麦花生两熟制双高产的基础。目前适合小麦套种花生两熟制双高产栽培的种植方式主要有：大垄宽幅麦套种、小垄宽幅麦套种花生和小麦

30 厘米等行距或套种。

(1)大垄宽幅麦套种。小麦畦宽 90 厘米，畦内起宽 50 厘米、高 8～10 厘米的垄，垄沟内播一条 20 厘米的小麦宽幅带。麦收前 40～60 天，在垄上覆膜套种 2 行花生，垄上行距 30 厘米左右，穴距 15～18 厘米，每亩播 8 230～9 880 穴。

(2)小垄宽幅麦套种。秋种时，用不带犁铧的犁扶一小垄，垄距 40 厘米。垄沟内，用一宽幅耧播一条 5～6 厘米的小麦宽幅带，小麦行距 34～35 厘米。于麦收前 20 天左右，在垄上用花生套种耧套种 1 行花生，穴距 16～18 厘米，每亩播 9 300～10 500 穴。

(3)普通畦田麦。小麦 10 厘米×23.3 厘米大小行距播种，麦收前 15～20 天在小麦大行间套种花生，花生等行距为 33.3 厘米，穴距为 20～16.7 厘米，每穴两株，密度为 10 000～12 000 穴。该方式适合于小麦高产地区；低产麦田可采用 26.7～30 厘米等行距播种小麦，行行套种花生。

76. 麦套花生高脚苗对花生生长有何影响？如何防治？

在麦套花生生产上，常常出现由于播种过早花生高脚苗现象，这主要是由于花生苗期较长时间遮阴，能显著促进花生主茎的生长，抑制侧枝的发育，造成第一二对侧枝发育迟缓，弱小，严重影响开花量，造成结荚迟，产量低。防治措施：一是品种选择上，小麦要选早熟品种，花生要选苗期耐阴品种；二是根据当地小麦收获时间掌握好套种时间，一般麦收前 15～20 天播种；三是在不影响小麦产量的情况下适当放宽花生套种行；四是麦后及早管理，缩短缓苗时间，壮苗早发。

77. 麦套花生播种应注意什么问题？

(1)把握适宜的套种时间。适宜套种期以小麦收获前早播不形成高脚苗，晚播花生出苗晚，不至于被小麦收获机具压坏幼苗为准，一般掌握，主茎叶片 6～7 片叶，第二对侧枝长出 1～2 厘米，花生茎基部充分木质化，这时花生苗由脆转柔，耐人机踏轧，不易折断，有利全苗，且苗壮缓苗快。

(2)把握播种墒情。有墒能出苗则宜深 4～5 厘米，保墒出苗；无墒则宜干播浅种 2～3 厘米，浇蒙头水，补墒出土；墒情不足，也宜采用后者，出苗整齐。

(3)把握播种密度。麦套花生生育期短，单株生产力小，以群体提高产量。在播种时要根据花生行距确定穴距，每穴两粒，保证密度每亩 20 000 株以上。

78.发展夏直播花生有什么重要意义?

发展夏直播花生是针对麦套花生地区小麦行间套种花生不便于机械化,费工费时,劳动密集,标准化技术难落实,相互影响产量不高等弊端而采取的麦后直播花生高产栽培技术。

(1)夏直播花生可以实现全程机械化作业。夏直播花生的耕、种、收等主要生产环节通过机械化作业,种植标准化程度明显增高,技术要求精准化明显要好,不仅大大增加了创高产的把握,同时大大减轻了劳动强度,解放了田间劳动力,提高了生产效率,更重要的是便于抢时播种。

(2)加快新技术成果推广。夏直播花生通过机械化作业可以把花生高产高效栽培技术高度优化集成,使诸多繁杂精细的栽培技术环节简单化,比如,地膜覆盖、机械播种,标准化的株行距等劳动密集型产业变成技术集约型产业。

(3)实现了保粮增油,农民增收。夏直播花生实现了小麦花生接茬种植,小麦花生均可按其自己生长规律需求实现高产栽培,实现粮油双丰收。

(4)促进农业可持续发展。夏直播花生可将麦秸、麦茬全部直接还田,不仅为花生提供部分营养,更主要的是改善土壤结构，增加有机质含量，提高土壤肥力，实现良性循环，促进农业可持续发展。

(5)提高留种质量。夏直播花生留作下年用种。出苗快，出苗势和出苗率均高，长势好。逐步实行夏直播繁殖花生种子留作下年春播，是减少混杂机会，确保种子纯度，提高花生产量的有效措施之一。

79. 麦后直播花生特点及管理要点是什么？

麦后直播花生全生育期一般只有100～115天，全生育期只需积温2 400～2 600℃，≥10℃有效积温1 500℃。呈现"三短一快一高"的生育特点："三短"是，播种植至始花时间短，一般20～24天，花芽分化少；有效花期短，15～20天，有效花量小；饱果成熟期短，饱果少，秕果多，果重轻。"一快"是，生育前期生长速度快，结荚初期叶面积系数即可达到3以上，能形成强大的物质生产能力。"一高"是，干物质形成向荚果转移的强度高。

根据其特点采取的主要管理措施是：概括五个字。一是早。即早腾茬，早整地，早播种。二是全。即一次播种保全苗、壮苗，确保播种质量。三是密。即保证足够的密度，1万～1.2万穴，每穴两株。四是保。即保护好绿叶面积，防治好病虫害，搞好一喷多防，防早衰，尽可能延长生育时间，增加饱果时间。五是管。即管理上以促为主，一促到底。

80.夏直播花生覆膜栽培关键技术有哪些？

(1)选地增肥。夏直播花生播种时，正值三夏大忙，难以大量施肥，夏花生的生长发育需要依靠前茬地力，夏花生的产量与前茬小麦的产量水平密切相关。因此，覆膜夏花生应选择在中等以上肥力、能排能灌的田块。同时增施肥料，一般每15亩施有机肥2 500～3 000千克，硫酸铵25～30千克，过磷酸钙45～50千克，硫酸钾13～15千克。增施钙肥对增加果重，提高产量有明显作用。

(2)选用早熟中、大果品种，早播密植。大果花生增产潜力大，品种早熟、果大才能充分发挥地膜覆盖的增产潜力。目前，夏播覆膜可因地制宜选用豫花15号、花育22号、冀花4号、冀花7号、冀花8号、中花12号等品种。夏播覆膜的种子更应精心挑选，选择粒大饱满贮存良好的健全种子，确保苗全苗壮。夏播覆膜花生早播是高产的关键，因此应在6月15日前播种结束，最晚不能迟于6月20日。夏播覆膜花生生育期短，个体发育差，必须适当加大密度，一般夏播覆膜花生的适宜密度为每亩10 000～12 000穴，每穴2粒。

(3)起垄覆膜。为加快播种进度，提高播种质量，应加快推广机械化作业。旋耕灭茬，机械起垄、播种、喷除草剂、覆膜压土带一体化作业，实现自行避光引苗出土，防止高温闪苗、灼苗，出苗整齐一致。

(4)覆膜夏直播花生除注意防旱、涝、病、虫外，后期要防止脱肥早衰，可用1%的尿素和2%～3%的过磷酸钙混合水溶液叶面喷施，也可用0.2%～0.3%的磷酸二氢钾水溶液叶面喷施。

81.花生为什么要改早播早收为适当晚播晚收？

播种过早，一方面，容易受倒春寒天气影响，造成低温冷害，诱发病毒病、根腐病、茎腐病的发生，造成枯叶或死苗；另一方面，开花下针期处在旱季，饱果期处在雨季，影响开花下针和荚果形成，使结果期分散，甚至形成几茬果，造成收获期发芽烂果。收获过早，浪费了后期大量光热资源。适当晚播晚收，避免冷害和病害的发生，并使花生生育进程适应气候，充分利用光热资源，是花生增产的有效措施。

五、病虫草害防治及减灾技术

82. 花生叶斑病对花生产量有什么影响？如何防治？

花生叶斑病是花生生长中后期的重要病害，全国各地、不同年际均有发生，是花生生产上的常见病害。叶片发病后严重影响光合作用，叶片极易脱落，造成花生早衰，荚果不饱满，降低花生的产量与品质，该病是制约花生产量的一个重要因素，一般减产 15%左右，严重时可减产 40%以上。花生褐斑病和黑斑病统称为花生叶斑病，在防治措施上，合理密植，施足基肥，增施磷、钾肥是良好的预防措施。收获后应及时清除田间病株残体，集中销毁，及时翻耕加速病株残体分解。在发病初期，当病叶率达 6%～8%时开始施药，可用 50%多菌灵可湿性粉剂 800 倍液，或 70%甲基托布津可湿性粉剂 1 500 倍液，或 75%百菌清可湿性粉剂 600 倍液，或 80%代森锰锌 400

倍液喷雾防治，每隔 7～10 天喷药 1 次，连喷 2～3 次，每亩每次喷药液 60 千克。以上药剂交替使用效果好于单一用药。

83. 花生网斑病有何症状？如何防治？

花生网斑病常与叶斑病混合发生，可造成早期花生叶片脱落，严重影响花生产量。网斑病常在花期发病，发病盛期在结荚期至成熟期，主要危害叶片，初沿主脉产生圆形或不规则形的黑褐色小斑，病斑周围有退绿晕圈，后在叶片正面出现边缘呈网纹状的不规则形褐色斑，且病部可见栗褐色小点。阴雨连绵时，叶面病斑较大，近圆形，黑褐色，叶背病斑不明显，淡褐色，重者病斑融合；在干燥条件下病斑易破裂穿孔。叶片一旦染病，极易脱落（图 8）。

防治措施：在田间管理方面，增施腐熟的有机肥和磷、钾肥，合理浇水，及时中耕，提高植株抗病性，收获后及时清除病残体；使用药剂防治，发病初期用 70%代森锰锌可湿性粉剂 500～600 倍液，或 75%百菌清可湿性粉剂 700～800 倍液，或 64%杀毒矾可湿性粉剂 500 倍液进行喷雾防治，每隔 7～10 天喷 1 次，连喷 2～3 次。

图 8 花生网斑病

84. 花生焦斑病有何症状？如何防治？

花生焦斑病是危害花生的病害之一，严重时田间病株率可达 100%，造成花生严重损失。该病通常产生焦斑和胡椒斑两种类型症状。常见的焦斑类型症状，通常自叶尖、少数自叶缘开始发病。病斑呈楔形向叶柄发展，初期退绿，逐渐变黄、变褐，边缘常为深褐色，周围有黄色晕圈。早期病部枯死呈灰褐色，上面产生很多小黑点，该病常与叶斑病混生，把叶斑病斑含在楔形斑内。胡椒斑类型症状产生病斑小，不规则至圆形，甚至凹陷，病斑常出现在叶片正面，在收获前多雨的情况下，该病出现急性症状。叶片上产生圆形或不定形黑褐色水渍状大斑块，迅速蔓延至全叶枯死，并发展到叶柄、茎、果针(图 9)。

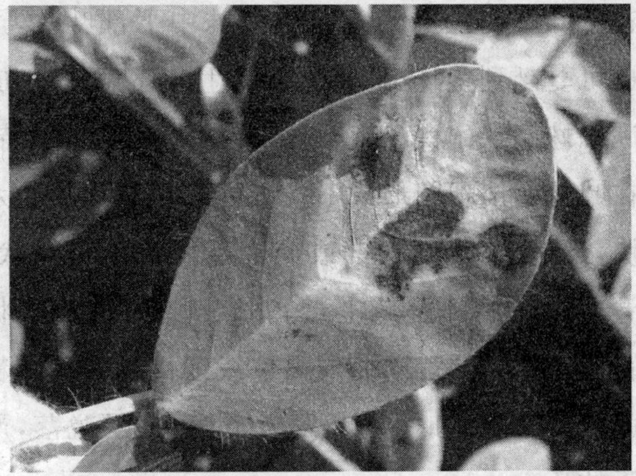

图 9　花生焦斑病

防治措施：

(1)采用轮作、深翻、掩埋病株残体，适当早播，降低密度，覆盖地膜等措施有良好的防治效果。

(2)选用 1∶2∶200 倍(硫酸铜∶石灰∶水)波尔多液，或 75％百菌清 500～800 倍液，或 70％代森锰锌可湿性粉剂 300～400 倍液防治。病害防治指标以 10％～15％病叶率，病情指数 3～5 时开始第一次喷药。以后视病情发展，相隔 10～15 天喷 1 次，病害重的喷 2～3 次。

85. 花生叶腐病有何症状？如何防治？

花生叶腐病主要为害花生植株中下部叶片，严重时病斑也可蔓延到茎秆、果针上。花生叶腐病发生初期，病叶生满蜘蛛网状的白色菌丝体，叶间及叶片边缘特别多。尔后在叶片上出现圆形或不规则的褐色或黑褐色水渍状的斑块，迅速扩大，叶全部或局部呈黑褐色霉烂状，最后干枯卷曲。在病叶及茎上最初长出灰白色棉絮状的菌丝，菌丝紧密结合，逐渐变成褐色或黑褐色表面粗糙的颗粒状菌核。发病轻时，底叶发生霉腐，提早脱落，严重时植株干枯死亡。

防治措施：

(1)此病尚属局部发生病害，应严防病区带菌花生、植株及土壤等传入无病区。防止种子带菌可用0.5％多菌灵拌种，有一定防病作用。

(2)花生发病初期，要立即拔出病株烧毁，在发病期，于病株周围撒生石灰可抑制病菌蔓延。7～8月份雨季，大雨过后要及时排水，注意改善通风透光条件。

(3)为防止病害发生和流行，可从发病前开始，每隔7～10天喷1次25％多菌灵600倍液或1∶1∶100波尔多液。

86. 花生线虫病有何症状？如何防治？

花生线虫病主要为害植株的地下部，引起地上部生长发育不良。凡是花生能入土的部分（根、荚果等）都能受线虫危害，播种半个月后，花生主根开始生长时，线虫侵入主根尖端，使根尖膨大变成纺锤形或不规则的虫瘿，表面粗糙，初期为乳白色，后变为黄褐色，经过多次再侵染，形成“须根团”并有腥臭味。花生受害后，根部吸收水分和养分的机能受阻，且根瘤减少，茎叶变黄，开花推迟，结荚很少，7～8 月份雨季来临时，病株由黄变绿，但仍较健株矮小，病株结果少而秕，此外在根颈、果柄和果壳上有时也能形成根结。虫瘿是识别此病的重要依据（图 10）。

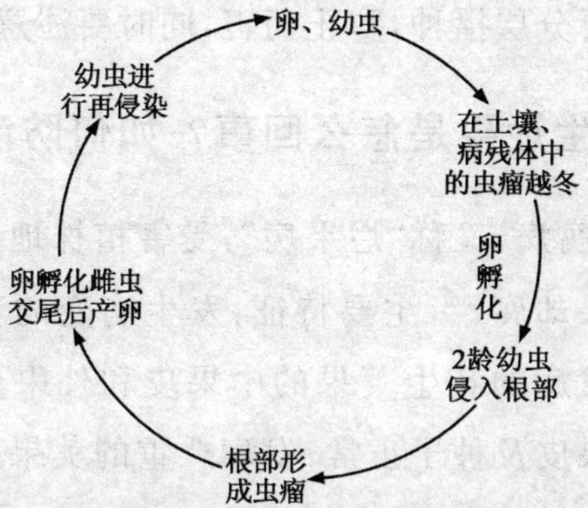

图 10　花生线虫侵染循环

防治措施：

(1)首先要加强检疫，保护无病区。

(2)有花生根结线虫病的地块收获时要深挖细收，不使病根、病果遗留在土壤中，同时还应将花生秧、杂草寄主连根挖除烧掉。

(3)增施有机肥料，深翻改土，减轻病害。

(4)轮作。与禾谷类作物或甘薯轮作2～3年，轮作年限越长虫口密度越小。

(5)药剂防治。用15%涕灭威颗粒剂每亩3千克加土40～50千克混匀后，覆盖花生种子墩，药效可维持45～60天。在花生播种前每亩用40%辛硫磷乳油，每亩2～2.5千克加细土20千克制成毒土撒入穴内，覆土后播种，播种时要分层播种，防止药害，同时要注意人畜安全。

87.花生烂果是怎么回事？如何防治？

花生果腐病，又称“烂果病”，受害植株地上部生长正常，地下荚果却腐烂，主要特征：发生病变的荚果主要是饱果；初步发病的花生荚果的中果皮和外果皮变为黑褐色斑点，内果皮及种子正常；发病严重的荚果整个果皮和种子变黑、腐烂；根部外表皮发黑。

(1)病菌侵染烂果。病斑扩大并连成一片，整个荚果表面失色，随着病害进一步发展，果壳组织分离，果仁腐烂。凡是8月份已开始烂果且符合以上症状的都是荚果腐烂病，大都病菌侵染所致。至于是什么病菌侵染，国内传统观点多认为是由于花生荚果遭到损伤和不良天气的影响造成的，近年来，山东省花生研究所、河北省植保所对花生果腐病的病原进行了分子诊断，认为镰刀菌极有可能为主要致病菌。国外的研究表明，花生荚果腐烂是由多种病原菌复合侵染引起的。河北农业大学孙伟明等对发生在河北省新乐市和大名县的花生荚果腐烂进行研究表明这是由侵脉新赤壳菌引起的花生果腐病。

(2)生理性烂果，包括干旱烂果、多雨烂果和缺钙烂果。主要是由于8月份干旱或多雨引起烂果。干旱引起的烂果，以沙土地严重；同一块地，地势高的地方严重。多雨引起的烂果，以黏土地严重；同一块地，地势低的地方严重。近年来，花生施肥以复合肥和二铵为主，缺少钙肥的投入，同时施入大量的钾肥，钾与钙产生拮抗作用，也许是烂果的另一种原因。

(3)其他原因，包括虫蛀烂果，鼠害烂果，机械烂果。

防治措施：

(1)对于侵染性病害引起烂果，应进行药剂防治。可用80%多菌灵粉剂500倍灌根防治。

(2)对于生理性病害引起烂果，应加强管理。遇旱要及时浇水，浇水以沟灌为宜。雨后要及时排出田间积水，增强植株和荚果的抗逆性能，降低烂果率。

(3)增施钙肥。尽量选用过磷酸钙为主的磷钙肥，也可每亩补施石膏 20～30 千克。

88. 花生茎腐病是怎样形成的？如何防治？

花生茎腐病常引起花生整株或侧枝死亡，造成严重减产，一般在 5 月下旬至 6 月初出现病株，6 月下旬出现第一个发病高峰；前期病株释放出的病菌再次危害，造成植株中、上部茎叶枯死，8 月中、下旬出现第二次发病高峰。感染此病的花生，果荚往往腐烂或种仁不满，损失严重，一般减产率为 20%～30%，严重者高达 40%～60%，甚至绝收。花生茎腐病是一种真菌性病害，病菌主要在种子和土壤中的病残株上越冬，成为明年发病的来源；病害在田间主要靠流水、风、雨扩散和人、畜、农具传播；重茬地、瘠薄地、早播田、管理粗放田块病重；降雨多利于病害发生；直立型的比匍匐型花生病重，晚熟大粒花生比早熟小粒花生病重(图 11)。

防治方法：

(1)种子处理。防止种子发霉，播前晒种，剔出病变粒，减少病源。用 50%多菌灵可湿性粉剂按干种子量的 0.3%配成药液拌种，或用 25%多克福种衣剂 1∶50 包衣。能驱避地下病虫，隔离病毒感染，提高种子发芽率。

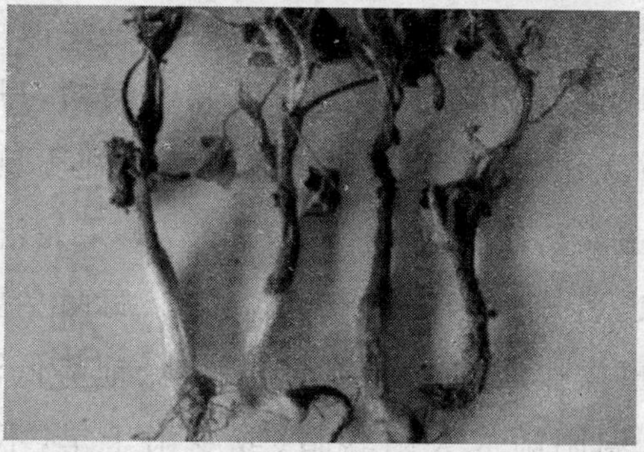

图 11　花生茎腐病

（2）农业防治。田间发现病株，应立即拔除，将其带出田外深埋。

（3）药剂喷雾。当田间发病时，可用 70%甲基托布津可湿性粉剂 1 000 倍液，亩用药液 50～75 千克。一般可于基本齐苗后的发病初期喷 1 次，开花前再喷 1 次。

89. 花生根腐病是怎样形成的？如何防治？

花生根腐病，俗称“烂根”，是一种真菌性病害，主要引起根腐死苗，甚至使植株大部分或全部死亡。花生根腐在花生各生育期均可发生。花生播后出苗前染病，可引起烂种，烂芽；苗期受害导致根腐、苗枯；成株期受害引发根腐、茎基腐和荚腐，病株地上部表现矮小、生长不良、叶片变黄，终致全株枯萎。由于本病发病部位主要在根部及维管束，使病株根变褐腐烂，维管束变褐，主根皱缩干腐，形似老鼠尾状，患部表面有黄白色至淡红色霉层。花生根腐病由镰刀菌属侵染所引起。病菌习居土壤中，在土中能存活数年。病菌主要随病残体在土壤中越冬并成为病害主要初侵染源，带菌的种仁、荚果及混有病残体的土杂肥也可成为病害的初侵染源。病菌主要借流水、施肥或农事操作而传播。通常重茬地、地势低洼、土层浅薄、持续低温阴雨或大雨骤晴、或少雨干旱，不良天气都往往发病较重(图 12)。

图 12　花生根腐病

防治措施：应采取耕作栽培防病为主、药剂防治为辅的综合防治措施。

(1)合理轮作：因地制宜确定轮作方式、作物搭配和轮作年限。

(2)拌种预防：每亩种子用家园益微 20～30 克，兑水

400 克拌种包衣，效果很好。

(3)化学防治：齐苗后加强检查，发现病株随即用 40%多菌灵悬胶剂 100 克，兑水 60 千克，或用 70%甲基硫菌灵可湿性粉剂 1 000 倍液喷雾防治。

90.常见的花生病毒病有哪些？如何防治？

为害我国花生共有 4 种病毒，分别是花生条纹、黄瓜花叶、花生矮化和花生芽枯病毒。在北方花生产区为害的主要是前 3 种病毒。

(1)花生条纹病毒。花生条纹病毒通过带毒花生种子越冬。春季，病害一般在花生出苗 10 天后开始发生，多为种传病苗。北方产区蚜虫在花生地内发生早、发生量大、活动频繁，使病害能在田间迅速传播。通常病害在花期形成发生高峰，历时半个月至一个多月达到 80%以上发病率。其明显症状开始时顶端嫩叶出现退绿斑，随后成为浅绿与绿色相间的轻斑驳、斑驳(图 13)。

(2)花生花叶病毒。花生花叶病毒通过带毒花生种子越冬。花生病苗出土后即表现症状，顶端嫩叶出现退绿黄板，叶片卷曲，随后成为黄绿相间的黄花叶，病株中度矮化。病毒被蚜虫在田间迅速扩散。在流行年份，花期形成发病高峰，达到 50%以上发病率(图 14)。

(3)花生矮化病毒。花生矮化病毒通过花生种传，种

图 13　花生条纹病毒

图 14　花生花叶病毒

传率很低。病叶表现黄绿相间的黄花叶，叶片变小，叶缘波状扭曲，植株中度矮化，所结多为小果。受该病毒感染的刺槐花叶树是病害另一个初侵染源。刺槐是北方花生产区常见树种。试验证明蚜虫可以将该病毒从刺槐传到花生。早春刺槐上蚜虫发生早，花生出苗后，有翅蚜向花生地迁飞，同时将病毒传入。

防治措施：

(1)加强病害检疫，选用抗病品种，应用无(低)毒种子。

(2)采用地膜覆盖，驱蚜和减轻病害。

(3)清除田间和周围杂草，减少蚜虫来源，可减轻病害发生。

(4)早期拔除种传病苗。

(5)药剂治蚜防病。种衣剂拌种可以控制苗期蚜虫，有一定防病效果。

91.花生锈病是怎么回事？如何防治？

花生锈病是我国南方花生产区普遍发生，为害较重的病害。近年来，北方花生产区也有扩展蔓延的趋势。花生锈病主要为害叶片，到后期病情严重时也为害叶柄、茎枝、果柄和果壳。一般自花期开始为害，先从植株底部叶片发生，后逐渐向上扩展到顶叶，使叶色变黄。发病初期，首先叶片背面出现针尖大小的白斑，同时相应的叶片正面出现黄色小点，以后叶背面病斑变成淡黄色并逐渐扩大，呈黄褐色隆起，表皮破裂后，用手摸可粘满铁锈色末。严重时，整个叶片变黄枯干，全株枯死，远望和火烧状。不仅严重降低产量,而且也影响品质(图15)。

图15　花生锈病

花生锈病以风和雨水传染,一般夏季雨量多,相对湿度大,日照少,锈病往往比较严重。

防治措施:除选用抗病品种之外,要加强田间管理,增施有机肥和磷、钾肥,做好防旱排涝工作,培育壮苗,提高植株抗病能力。在田间病株率达到10%～20%时,可选用50%的胶体硫150倍液;或敌锈钠600～800倍液,或75%百菌清800倍液;或1∶2∶200(硫酸铜∶生石灰∶水)的波尔多液;或25%粉锈宁可湿性粉剂3 000～5 000倍,每隔10天左右喷1次,连喷3～4次。敌锈钠不宜连续使用,应与其他药剂交替使用,每次每亩喷药液60～75千克。

92. 花生青枯病是怎样发生的？如何防治？

花生青枯病是花生上危害最严重病害之一，是典型细菌性维管束病害，长江以南发生严重，发病轻者减产20%～30%。重者50%～80%，严重地块甚至绝收。该病多发生在初花期，病株初始时，主茎顶梢第1、2片叶片先失水萎蔫，早上延迟开叶，午后提前合叶，1～2天后，病株全株或一侧叶片从上至下急剧凋萎，色暗淡，呈青污绿色。后期病叶变褐色枯焦。病株易拔起。其主根尖端果柄，果荚呈黑褐色湿腐状，根瘤黑绿色，病茎纵剖，维管束呈黑褐色，横切面保温下稍加挤压可见白色黏液溢出。花生青枯菌主要在土壤中、病残体及未充分腐熟的堆肥中越冬，成为翌年主要初侵染源。细菌通过根部伤口和自然孔口侵入，通过皮层进入维管束，由导管向上蔓延，导致导管丧失去输水功能，使植株失水突然死亡。盛花期且土温30℃可达到发病高峰期。发病植株腐烂后病菌散落至土壤中，再通过土壤流水侵入附近的植株进行再侵染（图16）。

图16　花生青枯病

防治措施：

选用高产抗病品种，如中花 2 号、粤油 92、鲁花 3 号等；合理轮作，有水源的地方，实行水旱轮作，旱地可与瓜类、禾本科作物 3～5 年轮作，避免与茄科、豆科、芝麻等作物连作；旱地花生，播种前进行短期灌水，可使病菌大量死亡；采用高畦栽培，适期播种，合理密植。防止田间荫蔽与大水漫灌。注意排水防涝，防止田间积水与水流传播病害；田间发现病株，应立即拔除，带出田间深埋，并用石灰消毒；花生收获时及时清除病株与残余物，减少土壤病源。目前化学防治效果尚不理想。

93. 黄曲霉毒素对人和动物有什么危害？

（1）黄曲霉毒素是剧毒物质，其毒性相当于氰化钾的 10 倍，砒霜的 68 倍。黄曲霉毒素属肝脏毒，除抑制 DNA、RNA 的合成之外，也抑制肝脏蛋白质的合成。黄曲霉毒素引起人和动物的急性中毒事件，国内外均有许多报道，最典型的是印度的霉变玉米事件，该事件直接导致了数十人丧生，数百人患上不同类型的肝脏疾病。

（2）黄曲霉毒素有极强的致癌性，长期摄入黄曲霉毒素会诱发肝癌。它诱发肝癌的能力比二甲基亚硝胺大 75 倍，是目前公认的致癌性最强的物质之一。

94.怎样控制花生黄曲霉毒素污染?

(1)选种与播种。应选择抗旱性、抗虫性强或抗黄曲霉花生品种,种子纯度98%以上。应尽量轮作避免重茬,选择沙壤或半沙壤土及有灌溉条件的地区种植。坚持适期播种,过早播种易导致花生收获期提前,收获时气温偏高,雨水偏多,延长花生晾干时间,引发黄曲霉毒素污染。

(2)田间管理。防治地下害虫,减少花生荚果损伤;花生下针后应避免中耕除草,防止人为损伤花生荚果;避免在土壤温度较高的情况下排灌,花生田水分过多时,应适当排水,防止烂果;在花生收获前3～5周如出现干旱少雨,应适当灌溉,没有灌溉条件的田块,可以通过调整生育期,增施钙素(如石灰)以减少霉菌对花生荚果的侵染和产生黄曲霉毒素污染。

(3)适期收获。花生成熟后应适期收获,以防发芽和烂果,收获时尽量避免人为和机械对花生荚果损伤。收获后,晾晒期间如遇阴雨天,应在室内通风晾干,不能堆积,也可采用机械烘干,使荚果水分降至10%以下。

(4)加工前的处理。储存前应确保花生降至安全水分,不能将花生直接在地面上堆垛储藏。储藏期间尽可能温度≤15℃,湿度≤55%～70%。

(5)脱壳与收购。避免脱壳时损伤花生仁。脱壳前若花生果水分≥10%或霉果≥1%时，要重新晾晒或挑拣。在收购原料时，必须确保花生在安全水分以下，黄曲霉毒素、农残、重金属含量符合要求。

(6)运输与加工。冷风库中储存的花生在装运前应先出库平衡温度。出口花生应尽量减少运输途中花生霉变产生黄曲霉毒素的可能。加工车间应通风干燥，对不同水分含量的原料不得混合加工，以防产生霉变，并尽可能将霉粒、发芽粒及损伤粒挑拣干净。

95.如何防治花生蚜虫？

(1)农业措施。覆膜栽培花生，苗期具有明显的反光驱蚜作用，特别是使用银灰膜覆盖可以有效地减轻花生苗期蚜虫的发生与为害。花生蚜的天敌种类多，控制效果比较明显，在使用药剂防治蚜虫时应避免在天敌高峰期使用，同时要选用对天敌杀伤力小的农药品种，以保护天敌。

(2)化学防治。

①播种期用药。花生苗期蚜虫的防治，既要考虑到蚜虫对花生的直接为害，更要考虑到防治蚜虫对花生病毒病的影响，所以防治宜早，不宜晚。花生播种时每亩用10%辛拌磷粉粒剂(812)0.5千克，或15%铁灭克0.5千克等药剂盖种，或使用高浓度吡虫啉悬浮剂等种衣剂拌

种，使花生带药生长，对苗期蚜虫的防治作用明显，且有利于保护天敌，同时兼治地下害虫。②生长期用药。应选用高效、低毒、持效期较长的农药品种，如30%蚜克灵可湿性粉剂2 000倍液、2.5%扑蚜虱可湿性粉剂2 500倍液、10%高效吡虫啉可湿性粉剂4 000倍液等，叶面喷雾防治。

96. 如何防治花生红蜘蛛？

(1)农业防治。清除前茬和田边杂草，减少越冬跨茬虫源，降低虫口密度。

(2)药剂防治。当花生田间发现发病中心或被害虫率达到20%以上时，要及时喷药防治，喷药要均匀，一定要喷到叶背面；另外，对田边的杂草等寄主植物也要喷药，防止其扩散。可用15%扫螨净乳油2 000倍液、73%克螨特乳油1 000倍液或20%灭扫利乳油2 000倍液等均匀喷雾；也可选用1.8%的阿维菌素乳油、螨危3 000倍液或15%扫螨净乳油2 000倍液进行防治。

97. 棉铃虫对花生有什么危害？如何防治？

棉铃虫是典型杂食性害虫，在花生田危害，以幼虫食害花生的叶片和花蕾形成缺刻，尤其喜食花蕾，影响受精和果针入土，造成大幅度减产。幼虫孵出后先取食卵壳，随后转移到顶部取食嫩叶，低龄幼虫能吐丝缚住未张开的嫩叶在其中取食叶肉，使叶片仅剩叶膜，成透明状，3龄后食害叶片更为严重，一般叶片损失15%～20%，严重的损失50%以上。幼虫有转株危害习性，转移时间多在夜间和清晨，傍晚施药药物易接触到虫体，防治效果好（图17）。

图17　棉铃虫

防治花生田棉铃虫，应在百穴有卵100粒或有虫株率达5%～10%时用药。由于幼虫3龄后进入暴食期，食量大，严重的可将叶片全部吃光，因此3龄前是防治的最佳时期。由于长期使用有机磷类和菊酯类农药防治棉铃虫，棉铃虫对这两类药的抗性增强，防治效果下降。在用有机磷类和菊酯类农药防效差的地区，宜换用其他药。阿维菌素、甲氨基阿维菌素苯甲酸盐、茚虫威等药用于防治棉铃虫效果好,在生产上应用较广。此外,氯虫苯甲酰胺、氟虫双酰胺等药活性高,有较强的内吸传导性,对棉铃虫有良好的防效。

98.防治花生蛴螬有什么好方法?

(1)杀虫灯诱杀。佳多牌频振式杀虫灯是一种新型的田间害虫诱杀工具,它是利用害虫有较强的趋光、趋波、趋色、趋性信息的特性,将光的波长、波段、波的频率设定在特定的范围内,近距离用光远距离用波,加上诱到的害虫本身产生的性信息引诱成虫扑灯,灯外配以频振式高压电网触杀,使害虫落入灯下的接虫袋内,达到杀虫的目的。单盏佳多频振式杀虫灯可控制作物害虫的面积,山区 30～40 亩,丘陵及平原地区为 50～60 亩,是黑光灯等普通杀虫灯的 3～4 倍。使用该灯诱杀花生蛴螬成虫(即金龟子),于 6 月下旬开始架灯诱杀(花生蛴螬见图 18)。

(2)性诱剂诱杀。针对蛴螬成虫金龟子傍晚出土交配、取食的特点,利用性诱剂对雄性成虫进行诱杀,在高效环保前提下达到消灭金龟子而使幼虫蛴螬灭绝的目的,从而大大提升了蛴螬无公害防治的水平。据了解,单个诱蛾器控制面积在 60～80 米^2,每晚田间诱虫数达 38～175 个。

图 18　蛴螬

(3)化学防治。

①种衣剂包衣拌种。目前效果较好的有高浓度 60%吡虫啉(高巧)悬浮剂,30%毒死蜱微胶囊,35%辛硫磷微胶囊等,上述拌种剂防治效果一般可达 80%以上,蛴螬死不了,也成了“植物虫”。

②用 150 亿孢子/克球孢白僵菌可湿性粉剂 300 克/亩于花生花针期沟施;在 7 月上旬,用 35%的辛硫磷微胶囊悬浮剂 850 克/亩,加水 500 千克灌墩或用 40%毒死蜱乳油、50%辛硫磷乳油等按有效成分 100 克/亩拌毒土,于 6 月中旬,趁雨前或雨后土壤湿润时,施于植株主茎处的土表上,防治取食花生叶片或到花生根围产卵的成虫,兼治其他地下害虫。

99. 如何防治花生金针虫?

危害花生的金针虫,主要有沟金针虫和细胸金针虫两种。

沟金针虫多发生在旱坡地,有机质少而比较疏松的沙壤土地里。细胸金针虫多发生在沿河淤土、洼地及有机质较多的土壤。它们主要钻食花生胚根,幼果和荚果,造成缺苗,烂果而导致减产。

防治措施:参考蛴螬防治措施(图 19)。

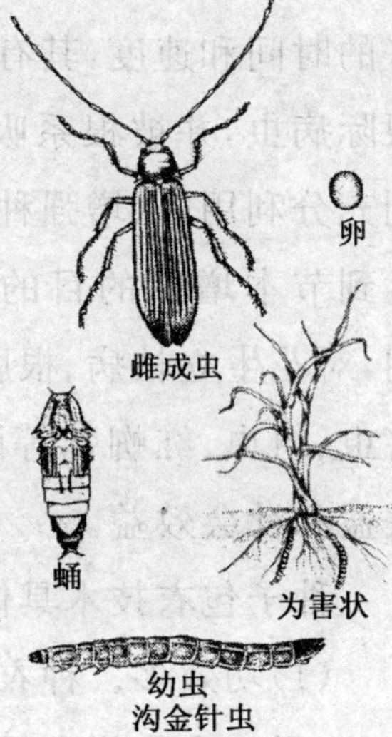

图 19　沟金针虫

100. 如何应用种子包衣技术防治花生病虫害? 这项技术有什么好处?

种子包衣技术是指以精选种子为载体,应用手工的或者机械的途径在种子外面均匀包裹一层药剂,这层药剂称为种衣剂。种衣剂包括杀虫剂、杀菌剂、微肥、植物生长调节剂、着色剂、填充剂、成膜剂、扩散剂、稳定剂、防腐剂等材料。随着研究的深入,种衣剂中又添加了缓释剂,制成了微胶囊。包衣的种子种下后,种衣剂遇水吸胀但几乎不溶解,而在种子周围形成一个屏障,随着花生种子的萌动、发芽、成苗，以及花生病虫害的发展按照设计好的时间和速度，其有效成分缓慢有序释放，直接作用于根际病虫，并被根系吸收传导到幼苗各部分，使药、肥得到充分利用，以增强种子及幼苗对病菌和病虫害的抗性，达到节本增效的目的。该技术在花生上大面积推广应用，对花生立枯病、根腐病、茎腐病、线虫病、青枯病、地下害虫、蚜虫、红蜘蛛等防治效果显著，取得了很好的经济效益和社会效益。

种子包衣技术具体好处如下：

(1)功效多。种衣剂具有杀菌、杀虫、防缺素症、刺激生长、增加农作物产量、改进品质等功效。

(2)效益高。投入产出比为1∶(10～80)。

(3)安全性高，毒性低。对种子安全，不会降低发芽率，不会发生药害、不出苗等不良现象；对人畜安全，种子包衣为地下用药，有警戒色，可引起人们的警觉，所以一般不会对人畜造成危害。

(4)隐蔽用药，不仅减少了对环境污染，而且减少了对地面天敌的杀伤，使化学防治与生物防治互相协调，更有效的防止病虫害。

101. 地膜花生如何应用除草剂？

地膜花生除草应在花生播种后覆膜前进行土壤处

理。以禾本科杂草为优势种群的地块，每亩可分别选用48%甲草胺乳油150～200毫升，或72%异丙草胺乳油100～150毫升，或72%异丙甲草胺乳油100～150毫升，或96%精异丙甲草胺乳油45～60毫升，或33%二甲戊灵乳油130～150毫升，或48%仲丁灵乳油150～200毫升，或50%萘丙胺乳油100～120毫升，或50%扑草净可湿性粉剂100～150克，或48%氟乐灵乳油100～150毫升，土壤均匀喷雾处理。氟乐灵一般在播前施入土壤后浅耙土处理，防止其挥发和光解。

以阔叶杂草为优势种群的地块，每亩可分别选用：25%噁草酮乳油70～100毫升，或24%乙氧氟草醚乳油35～45毫升，或50%丙炔氟草胺可湿性粉剂6～8克，或50%扑草净可湿性粉剂100～125克，土壤均匀喷雾处理。

禾本科杂草及阔叶杂草均较多的地块，每亩可分别选用：45%扑·乙乳油100～150毫升，或36%噁酮·乙草胺乳油150～200毫升，或500克/升异松·乙草胺乳油40～60毫升，或40%氧氟·乙草胺乳油80～100毫升，或50%噻吩·乙乳油60～80毫升，或51%异丙·异噁松乳油80～100毫升，也可以选用上述防除禾本科和阔叶杂草的上述两类药剂进行混用，混用药量略低于单用药量，宜进行小区试验确定最佳混配剂量。

地膜花生除草除利用喷施除草剂除草外，还有利用除草地膜除草等方法。

102. 露地花生如何应用除草剂？

露地花生除草分为苗前除草和苗后除草。目前露地花生主要是麦套和麦后直播花生，一般采取苗后除草。这类花生田主要杂草有：禾本科类为马唐、狗尾草、稗草、牛筋草等，阔叶类为铁苋菜、马齿苋、苣荬菜、刺儿菜等。夏天，温度高、水分充足，杂草生长旺盛，花生中主要集中在6月下旬至7月上旬，一般混合发生，具有高密度、生长快的特点。化学除草主要是苗期茎叶处理：花生出苗后，于晴好无风的天气进行施药。以禾本科杂草为主的田块，可用10.8%高效盖草能乳油或10.8%施点发乳油25～35毫升/亩，兑水15～30千克喷雾。也可用5%精禾草克乳油或5%快锄乳油或5%草通灵乳油40～60毫升/亩，对水35～50千克喷雾。天气干燥，土壤墒情较差，草龄较大时应适当加大用量；以阔叶类杂草为主的田块，在花生3复叶前，杂草2～5叶期，即大多数杂草出齐时施用，用24%阔乐乳油26～33毫升/亩，兑水30千克喷雾，或用10%阔锄乳油20～30毫升/亩，兑水15～30千克，均匀喷雾；混合发生的田块，可按以上所述进行混用。

103. 怎样预防和防治除草剂对花生的危害?

除草剂对花生的危害大致来自以下五个方面：一是花生田本身除草剂由于用量过大、使用方法不正确、气候因素或除草剂本身的问题造成的危害；二是由于花生田周围其他作物使用除草剂，飘移到花生植株产生的危害；三是由于原来喷施非花生田除草剂药具未清理干净导致的除草剂危害；四是上茬作物使用除草剂土壤中的残留对花生的危害；五是误用其他除草剂造成的危害。为防止上述问题的发生，生产上应从以下几个方面预防和防治。

(1)防治措施：

①选择正规除草剂，避免三无产品。

②正确使用除草剂。一定要按标签使用说明，规范用药，严格按照说明书说明的适宜作物用药范围用药。如48% 氟乐灵乳油用于花生播前土壤处理时，应在播前7天，每亩用量100～150毫升，兑水喷于土壤，事后立即交叉混土2遍，混土深度5～7厘米，切不可将药喷于垄沟再合垄。同时在使用量上要准确掌握，不可随意加大药量，否则就会产生药害。如三氟羧草醚高剂量(24%乳油，600毫升/亩)作茎叶处理，第二天叶片就会出现许多小灰白点，4天后就会变为铁锈色直至枯死。48%乙草胺

用于播后苗前土壤处理，其用药量，每亩以 75～100 克为宜，超过 150 克会有药害出现。

③彻底清洗喷药用具，防止残留药液对下次用药的影响。如在玉米地喷施 2 甲 4 氯，不清洁药具，喷到花生上，两天后花生茎向下弯曲，叶片有水渍状失绿斑。清洗药具用清洗剂要有针对性，如喷过 2,4-滴丁酯药具可用硫酸亚铁水溶液，喷过百草枯的药具可用泥浆水泡洗，一般用碱水泡洗即可。

④花生田附近喷施漂移性强的除草剂要与花生田保持必要的隔离区。如 2,4-滴丁酯的使用附近 100 米范围内有花生，不可盲目使用，特别是有风天气，避免飘移到下风头的花生植株上，导致花生叶片焦灼，卷曲、枯萎等。

⑤上下茬作物要有计划，除草剂要科学选用。如计划小麦花生连作，上茬小麦除草就应避免使用苯磺隆、氯磺隆等残效期长的药剂，如用苯磺隆与花生间隔期必须在 60 天以上。

(2)防治与补救措施

①使用解毒剂。针对导致花生药害的药物性质，用与其相反的药物中和缓解。如发生 2,4-滴丁酯药害可喷施 0.3％硫酸亚铁水溶液缓解。

②喷施调节剂和液肥。如绿风 95，云大 120，花生超生宝等。

③使用吸附剂。

④喷施清水冲洗。对于遇碱性物质分解的失效的除草剂，在水中加入0.2%的生石灰水或碱面溶液进行淋洗。

⑤摘除受害器官，避免传导。

⑥足量浇水，以增加细胞水分，降低植株体内药物的相对浓度。

⑦及时中耕松土，追肥。结合浇水进行施肥、中耕松土，增及土壤通透性，促进根系发育。生产上，叶面喷施磷酸二氢钾、尿素亦可收到显著降低药害的效果。

104.如何预防和防治花生旱灾?

花生虽是耐旱作物，但由于花生主要种植在干旱或半干旱地区，干旱已是影响花生生产的主要限制因素。干旱分土壤干旱和大气干旱两种情况，土壤干旱是指耕层水分含量少花生根系难以吸收足够的水分不产蒸腾消耗，使植株体内水分失去平衡而不能正常发育；大气干旱是指空气干燥，植株蒸腾强度大，使植物失水过快，根系从土壤中吸收的水分难以补偿，水分收支失衡造成的危害。为防止花生旱灾的发生可采取以下措施：

(1)选用根系发达，叶片小，耐干旱的抗旱花生品种。如冀花4号、邢花1号、中花8号、鲁花14号等品种。

(2)推广地膜覆盖栽培,并且采取自动引苗出土技术。

(3)精细整地,多施有机肥,增强土壤保水保肥能力。

(4)花生齐苗后采取清棵蹲苗技术,促进根系生长,增强幼苗抗旱和吸水能力。

(5)合理灌溉。抗旱播种;花针期和结荚期水分临界期遇旱科学灌溉;饱果期遇旱小水润浇。

(6)喷施抗旱剂。如黄腐酸抗旱剂、抗旱剂1号等。

105.如何预防和防治花生涝灾?

花生涝灾在我国南北方花生产区均有发生,有两种情况,一是地面积水;二是土壤水分过多形成湿害。无论哪一种,都是由于水分阻断了根系与空气的接触,呼吸困难,最后停止,植株枯死。大多数花生受湿害后,造成根系发育不良,根系变黄变黑,根瘤菌固氮能力下降,造成花生开花少,结果少,烂果多。南方以花生前期芽涝和苗涝为主,北方以中后期涝渍为主。防止花生涝害发生,首先选择高燥地块种植,避开低洼地。在多雨地区,搞好田间排灌系统,采取高畦或起垄种植。大雨过后要注意及时排水,开沟降湿,及早中耕散墒。同时喷施叶面肥补充因涝流失的营养,如有病害发生,可以肥药混喷,一喷多防。

106.如何预防和防治花生雹灾?

我国广大花生产区在春末夏初常常遭到冰雹的袭击,此时花生正在植株生长时期,轻者损伤茎叶,重者全株损坏。花生遭冰雹后,只要大部分生长点没有被毁,应及时清理残枝,中耕松土,通风透光,提高地温,晴天后,喷施一些速效叶面肥和植物生长促进剂,如光合细菌、云大120等生长调节剂配入花生超生宝、磷酸二氢钾等叶面肥,使其尽快恢复植株生长。如生长点被毁不超过20%,可以不毁种。

107.如何控制连阴雨天气对花生后期的影响?

花生生长后期遇连阴雨天气,常常由于温度较低,光照不足,田间湿度较大,土壤养分流失等导致花生叶片发黄,叶斑病严重发生,落叶早衰等现象,造成减产。在控制措施上,首先,要及时排除花生田间积水,田间能中耕的应及时中耕,降低土壤和田间湿度,减少烂果率。其次,要在停雨6～8小时天气里,及时喷洒促进叶面光合剂,如光合细菌叶面肥(注意不要与杀菌剂混合),能显著提高叶片内叶绿素含量,增强叶片光合作用强度,而且光合细菌还能促进土壤物质转化,改善土壤结构,提高土壤肥力,促进作物生长。同时能增强作物抗病防病能力抑制病害的发生。为防早衰可加入其他叶面肥混喷，促进花生生长。第三，如花生叶斑发生严重，可停用光合菌肥，采用多菌灵等杀菌剂与其他叶面肥（磷酸二氢钾等）混合喷施，以控制早衰，延长叶片功能期，促进饱果形成。第四，对于烂果严重，出芽率高的花生要提早收获，减少出芽和烂果的损失。

108.花生收获期间遇连阴雨天气该怎么办？

花生收获遇连阴雨天气是老百姓很头疼的事情，一家一户没有足够的晾晒仓房和通风烘干设备，常常造成闷捂，致使花生壳发黑，发芽率降低，品质大降。遇到这种情况，首先要排出田间积水。对于早熟品种，休眠期短的品种要提早收获，防止发芽和烂果，有晾晒仓房和通风、烘干设备的，要及早摘果摊开晾晒、吹风或烘干。没有晾晒条件可带棵倒置在田间或场院通风好的地方，花生果向上，尽量减少闷捂的几率。对于田间无积水，土壤水分并不大的地块、休眠期长的品种，可适当晚收等到天晴以后进行。

六、收获、储藏、加工及种子繁育

109. 如何判断花生适合收获的最佳时期?

一般认为,地上部植株生长停滞,中下部叶片脱落,上部叶片昼开夜合的感夜运动不灵敏或消失,是花生成熟的标志。此外,主要看荚果的充实饱满度,据不同熟性品种的物候期,检查多数荚果已饱满为准。一般珍珠豆型早熟品种的饱果指数达75%以上,中间型早中熟大果品种的饱果指数达65%以上,普通型中熟花生品种的饱果指数达45%以上,即为成熟的标志。荚果饱满的标志是:外壳表皮由黄褐变青褐色;内果皮海绵组织变薄而破裂,并由白色变为带金属光泽的黑褐色;籽仁充实饱满,种皮显示粉红或桃红等品种固有的本色。

花生的收获要适时,收获过早,荚果不饱满,产量和含油量均低;收获过晚,早熟的饱满荚果易脱落。籽仁内脂肪也易酸败,不仅收获费工,而且降低产量和品质。尤其是有些珍珠豆型品种,种子休眠期短,成熟期如遇干旱，荚果失水，很快打破休眠，再遇雨就立即带壳发芽，因此，必须适时收获。正确判断花生收获适期除依据饱果指数外，还应根据当地气候和品种熟性以及田间长相灵活掌握。因为气温过低荚果就不能鼓粒；植株上部芽叶凋落太多，荚果不但不能再充实饱满，而且茎枝很快枯衰。如每条茎枝鲜叶片少于 3 片，日平均气温低于 15℃，花生饱果指数虽未达标，也应立即安排收获。

110. 花生能机械收获吗?

随着劳动力紧缺和科技的进步，花生机械化收获已成发展的必然。我国目前处于起步阶段，技术尚不成熟，仅局限于起垄花生。分段收获（挖掘）机较花生挖掘犁在功能上有了较大的提高，是我国现阶段重点推广的一类花生收获机械，但其作业后，仍需人工或者机械捡拾、运集、摘果；花生联合收获机尚处于中试示范阶段，其可靠性和适应性仍有待提升完善。需结合花生品种特点、种植方式、各地区农艺制度，对播种机、花生联合收获机等设备进行优化提升和技术熟化，提高作业性能和适应性。农业部南京农业机械研究所研制成功的花生联合收获机，能够一次完成挖掘、抖土、摘果、集果等工序。该机主要由发动机、行走机构、操纵机构、挖掘铲、夹持输送机构、抖土机构、摘果机构、抛秧机构等组成。配套动力为

32 千瓦，采用对称倾斜犁铲挖掘作业，一次收获 2 行，由输送链条夹持花生植株 1/2 高度部位倾斜向后上方输送，在输送过程中由振动板振动拍击抖土，使花生果与土壤完全分离。在夹持链夹持下，采用滚筒钢片式摘果装置摘果，将蔓抛撒在田间。该机摘果率可达 99％以上，破碎率低于 2.5％，清洁度达 99％以上。

111. 什么是“白色污染”？如何处理花生地残膜？

随着地膜栽培年限的延长，土壤中的残膜量就会不断增加。残留地膜在土壤中形成隔层，阻碍作物根系对水肥的吸收和生长发育，引起农作物的减产；挂在花生棵上，污染牲畜饲料；随风飘扬，污染环境，造成公害。专家们把这种现象称之为“白色污染”。有条件的收获前要把花生地膜揭起来，收获后把花生秧上的地膜摘净，利用地膜回收机将田间的残膜回收净，交残膜回收部门，变废为利。国家结合地膜覆盖技术推广可设立地膜回收再利用项目支持地膜回收。

112. 花生收获后如何进行田间铺晒？

即将 3～4 行花生植株合并成一行，根果向阳，植株支空，通气好，干得快，晒成 5～6 成干，茎叶向内根果向外进行垛晒。

113. 花生如何进行摊晒?

摊晒花生是指摘过后的花生果,水分仍很高,扬净茎叶等杂质后,还要在阳光下继续摊开晾晒 2～3 天,要勤翻动,然后再堆捂 1～2 天,在摊开晾晒,直至水分降到 8%～10%为止入库储藏。

114. 如何实现花生安全储藏?

(1)花生果储藏。花生果在仓内散存或露天散存均可,要求水分控制在 10%以内,堆高不超过 2 米。在冬季通风降温以后,趁冷密闭储藏,效果更好。

(2)花生仁储藏。花生仁的储藏要合理掌握干燥、低温、密闭三个环节。对于长期储存的花生仁必须控制水分 8%以内,最高堆温也不宜超过 20℃,并适时密闭防止虫害感染和外界温湿度影响,保持堆内低温、低湿,只有这样才能较好地保持花生仁的品质。花生仁也可以进行气调储藏,如在真空度为 400 毫米汞柱(1 毫米汞柱=133 帕斯卡)的情况下,充以适量的氮气,可以抑制花生的呼吸强度和虫霉侵蚀。

此外,花生在储藏中,最易招致鼠害,应注意加强防鼠工作。

115. 花生如何进行机械剥壳?

采用机械剥花生是花生产业化发展的必然趋势,也是花生生产机械化的主要环节。花生剥壳机由剥壳机构、振动筛、机架、机罩、电机、风机、传动机构等组成。人工把带皮花生倒入喂料斗,由上料风机风力自动进料,剥壳机构由滚筒和凹板栅组成,对花生果进行揉搓和挤压,使花生果破碎后落入 T 层振动筛进行分选。花生壳由风机风力吹出排壳口。花生籽和未剥净花生果由振动鱼鳞筛经重力分选,花生籽由出仁口流出,未剥净花生果溢出振动筛进入喂料斗进行二次剥壳加工,从而达到花生籽与花生果自动分选。

整个剥壳过程,花生籽受力均匀,分离效果好,破损率低。花生果剥净率为 98%,破碎率＜5%,清洁率＞95%。

116. 花生加工品质包括哪些内容?

(1)油用花生。油用花生以脂肪含量为主要指标,构成脂肪的脂肪酸组成是决定油脂品质的重要因素,花生油脂肪酸中亚油酸和花生烯酸是人体必需的脂肪酸,亚油酸对防治心脑血管病有重要作用。但是亚油酸易氧化,降低花生油货架寿命,所以高油酸/亚油酸值也是评价花生油品质的重要指标之一。

(2)鲜食花生。鲜食花生要求早熟花生品种,愈早愈好,生育期80～90天为宜。种皮以鲜红色或黑色最受欢迎,亚油酸含量要高,蛋白质含量要高于30%以上,质地煮熟后要酥软。

(3)花生烤果和烤仁。要求花生品种含糖量要高、硬度要高。

(4)做豆腐用品种。要求花生品种蛋白质含量、蛋白质提取率、凝固率要高。

(5)花生酱用品种。要求大粒或中粒,蛋白质适中、碳水化合物含量高、蒸煮时宜软化的品种。

(6)花生芽菜品种。百粒种小于50克,发芽率高,芽生长快,芽长,脂肪含量低,蛋白质和碳水化合物含量高,味道好。

(7)保健型品种。主要指高油酸花生、低脂肪花生、高锌富硒花生等。

(8)药用花生。即利用花生种皮制作止血等功效的药物,利用花生叶片制成安眠镇定药物,从花生中提取白藜芦醇,预防心肌梗死、脑血栓等。

117.高油酸花生加工有何特殊价值?

花生是我国重要的油料作物,脂肪含量高达43%～

55%，可人们并不知道花生脂肪里面还有大奥妙。脂肪是由脂肪酸构成，脂肪酸中的油酸可以降低血清总胆固醇水平，与不饱和脂肪酸不同的是，油酸在降低总胆固醇、有害胆固醇时，却不降低高密度脂蛋白胆固醇(有益胆固醇)。营养界把油酸称为“安全脂肪酸”，油酸的含量多少，是评定食用油品质的重要标志。

在人类食用油中油酸含量最高的是橄榄油和花生油，分别达到72%～80%和58%～68%。对地中海沿岸居民所做的心血管流行病学调查发现，尽管当地居民摄入高脂膳食，但由于他们主要使用以油酸为主的橄榄油，心血管疾病发病率反而较低。这就是神奇的“地中海膳食模式”。经过严密的科学试验，得出结论：对心血管疾病发生的危险性，食用橄榄油可以降低25%，食用花生油及花生食品可降低21%。知道了油脂的区别，就不必再担心吃花生吃成胖子，对于中老年人，选择每天吃一定量的花生或使用花生油作为烹饪用油，也能像地中海地区的老人一样，远离心血管疾病的危害，活得更健康，所以高油酸花生的培育与加工具有特殊意义。

118. 花生加工利用的方向如何？

随着科技的发展，花生深加工将向更深层次的开发和综合利用，发展趋势是：花生油低温冷榨技术，花生蛋白修改性技术，功能性花生短肽蛋白加工技术，花生功能活性物质提取，生物能源与生物新材料，花生蛋白纤维利用等。

119. 花生的炒制要点是什么？

五香花生制作要点如下：

(1)浸泡。首先要经过浸泡，时间为 8 小时左右，通过浸泡可以使花生仁膨胀，为下一步的煮制、烘酥打下基础。

(2)洗净。花生的洗净可以使用机械滚筒，滚筒下面有一个水池，滚筒的一部分浸在水中，滚筒旋转时，花生在滚筒内反复碰撞即可达到洗净的目的。

(3)煮制。洗净的带壳花生就可以放在清水中煮制，在煮制时要不断地对花生进行搅动使花生煮制均匀，待水开后立即将花生捞出，不要把花生煮的时间过长，那样会使花生外皮变黄，影响产品的外观。

(4)调味。调味前要熬制调料水，熬制调料水的调料一般有：大料、桂皮、甘草、茴香、食用盐，食用糖精和蒜泥，将以上调料放在锅中熬制 2 小时，就制成调料水，经过煮制的花生要放入制好的料水中，浸泡 10 分钟即可入味。

(5)烘干。经过浸泡的带壳花生，沥干水分，就可放入水泥烘池进行烘烤，我们看到的这个烘池每次能烤 500 千克花生，烤制时间需 72 小时左右，前 48 小时主要是烤去花生中的水分，在最后的 24 小时中，要在烘池上盖上麻袋，充分保温，五香花生的烘烤温度一般控制在 80～90℃。

(6)风选。花生在烤熟出箱后，还要进行风选，通过风选可以去除在烘烤过程中产生的碎皮、碎粒和粉末。经过风选的带壳花生经过人工挑选出黑粒、沙粒和裂口果后，带壳五香花生的制作就完成了。

椒盐花生米制作方法：把 500 克花生米放入开水中浸烫一下，捞出后拌入 30 克细盐，晾干待用。把 1 千克细沙（无细沙可用细盐代替，不能用含有毒物质的黄沙），炒至烫手时倒入花生米，用饭铲紧贴锅底快速翻动，炒 3 分钟左右时即发出爆声，待爆声结束时出锅。筛去细沙，冷却后即成。

五香花生米制作方法：取 500 克花生米倒入容器里。将适量的花椒、大料、细盐放进锅中，加适量水烧开后倒入盛花生米的容器中，盖好盖浸泡 1～2 小时（浸泡时间不宜过长，否则因花生米吸水过多，不但不易晾干，而且炒后不酥脆）捞出晾干。将 1 千克白细沙倒入锅内炒热，再放进花生米同炒，炒熟后筛去细沙即可。

120.花生酱如何制作?

(1)工艺流程:花生仁→烘烤→冷却→去皮→过筛→拣去烂仁→初磨酱→精磨酱→均质化→装罐→冷冻→室温保存。

(2)制作要点

烘烤:把花生烘烤加热到160℃,保持40～60分钟,要求花生仁内外颜色一致,无焦煳现象。

冷却、过筛:花生仁烘烤好后迅速出料,尽快摊晾或吹冷风冷却,花生仁冷却后再用去皮机去皮,过筛,使子叶与胚芽分离。

磨酱:把分离出的子叶放入磨中进行磨酱,第一次粗磨,磨成中等细度,第二次细磨,磨成精细滑爽的成品。在第二次磨酱时加入糖或盐(糖为2%～3%,盐为0.5%)和0.05%的维生素E。

均质化:在搅拌罐里,把磨好的花生酱加热至60～70℃,加入2%的单甘酯和1%～5%的大豆蛋白粉,混合均匀。

装罐、冷冻:把花生酱装入罐中,在0℃左右的低温下静置冷冻。待整体结晶完成后,方可搬动。之后,可放于室温下保存。

(3)花生酱原料配方:生花生米5千克,砂糖1千克。

(4)制作方法。

①浸泡：将生花生米(经挑选后的)放入清水中浸泡4～8小时。

②磨浆：用磨浆机研磨，加适量水。

③过滤：用过滤机或多层纱布将上述浆液进行过滤，边用水洗边过滤出浆汁，直到花生渣再挤不出浆汁为止。

④煮沸或炖熟：将上述浆汁一并混合好，加入砂糖，进行煮沸或隔水炖熟即为成品。

产品特点：呈乳白色酱体，味美可口，具花生清香。

121. 花生油的榨制要点是什么？

压榨法是广泛应用于各种油料作物制油的一种方法，是我国广大花生产区传统的油料加工方法。它的原理就是用压力将油料细胞壁压破，而挤出油脂。根据操作方法不同，又可分为冷压法和热压法两种。前者出油率低，成品含水分和蛋白质多，较难保存，所以采用这种方法的很少。后者成品易产生异味，油色深，但出油率高，含水分和杂质少，较易保存。

压榨法取油主要有清理、干燥、剥壳和压榨几道工序，前项的目的在于便于榨油和提高出油率及质量。具体榨油的工艺流程如下：

(1)花生果的清理干燥：具体可根据杂质的情况采用

不同的方法。

(2)剥壳:花生在榨油前进行剥壳的目的是:减少壳对油脂的吸附,提高出油率;能提高榨油机的处理量,减少对榨油设备的磨损;利于轧坯,提高毛油质量;可提高饼粕的质量,有利于综合利用。

(3)热处理(蒸炒):热处理是提取油脂过程中最重要的工序之一。热处理包括生坯的湿润和加热,在生产上称为蒸坯或炒坯,蒸炒后的坯称为熟坯。生坯凡经热处理后压榨的称为热榨,不经热处理者称为冷榨。花生主要是热榨。热处理的效果好坏对整个制油过程的顺利进行和出油率的高低以及油品、饼粕的质量有直接的影响。

(4)压榨:螺旋榨油机是农村小型油厂用得很广泛的一种小型榨油机,它结构简单,压力较高,可连续处理物料,劳动强度低,可压榨多种油料。

由于它的圆榨条呈锯齿形的曲线和锥面,物料在被压榨的时候,受到榨螺的推动和挤压使榨螺和榨笼内壁空间的体积不断变化,在榨笼的后部由于排列有圆榨条,榨笼的内壁呈锯齿形,料坯在这里交替地受到压榨和放松,料坯的结构不断受到调整,得到均匀翻动,使未被榨出的油或榨出油较少的料坯有较多的机会充分受到压榨。因此它的压榨效果比较好。

122. 国内外花生食品有哪些差距？

目前，我国的花生食品产业同发达国家相比，无论在观念、结构，还是设备、科研上，都存在不小的差距。我国花生食用方法简单，一般是直接食用，或经过煮、炸、烘烤等简单处理后食用。西方国家对花生酱的食用更是情有独钟，除了榨油之外，花生可以制取300多种产品。主要产品有花生糖果、咸花生、带壳烤花生和花生粉等。在作为日常食品消费的花生产品中，花生酱占50%以上，咸花生和带壳烤花生占25%，花生糖果占20%。美国和日本已有上百种具有不同功能特性的花生分离蛋白，广泛用于肉食品、乳制品、焙烤食品和保健食品等行业。而我国的花生利用仅限于在榨油、直接食用、花生酱、花生饮料等初加工产品，花生的很多功能未开发利用。

123. 花生壳有哪些用途？

(1)制作饲料。花生壳中含有丰富的脂肪、淀粉、纤维物、矿物质，并且含有多种的维生素营养，粉碎后混合制成颗粒饲料。

(2)栽培食用菌。花生壳有大量的纤维成分，利用花生壳能够有效地减少木材的物料，从而降低成本又能使食用菌生长得到更多的营养。

(3)制作燃料棒。将其压缩成燃料棒,这种燃料棒无污染,属于标准的绿色环保工业品。

(4)制作酱油、醋。

(5)制备人造板和胶黏剂。

124.花生饼粕有哪些用途?

花生饼粕营养丰富,蛋白质含量在50%以上(图20)。

图20　花生饼

(1)制取食用蛋白粉。花生蛋白粉的生产方法比较简单,只需将脱脂的饼粕烘干加以研磨或粉碎即可。通常脱脂粉是由直接浸出和低温预榨浸出粕生产的,只有部分脱脂粉的主要原料是使用压榨法制取的粕。全脂花生粉的生产过程包括压榨、制浆、加热以及滚筒干燥或干燥以制成粉状产品。

(2)生产组织蛋白。花生组织蛋白系之一是指以脱脂花生粕为原料经挤压膨化而使蛋白质组织化和结构化的产品。单次挤压产品为肉型增补剂,二次挤压产品为类肉型组织蛋白。

(3)饲料添加剂。

125. 出口花生有什么标准?

(1)外观质量。大花生,要求果大,双仁,果腰明显网纹粗浅,果嘴短突,果壳乳白,籽仁长椭圆形,重种皮淡红,无杂色,无裂纹,色泽均匀美观整齐。油亚比在 1.5 以上,含糖量高于 6%。小花生,要求荚果蚕茧形,网纹细浅,种皮淡红,油亚比在 1.2 以上。品种纯度 95%以上,异型粒大花生不超过 10%,小花生不超过 5%。

(2)物理品质。花生果含水量 10%以下,花生仁 9%,高温季节为 8%以下。杂质系数含量为 0.5%以内,不完善粒限量花生果 5%以内,含发芽果 2%,花生仁不完善粒 4%以下包括发芽粒 1%,泛油粒 2%。霉粒每包(50 千克)不超过 15 粒,花生机搓受损后 ,经油炸脱去种皮,自叶表面出现红色斑点的仁粒应在 3%以内。

(3)化学品质。主要检测项目是黄曲霉毒素,国际贸易质量要求黄曲霉含量在 5 微克/千克以下,各国要求不相同。另外,韩国、日本等国要求不得检出丁酰肼。

126.花生种子如何分类？

花生种子分为育种家种子、原种、良种。育种家种子是指育种家育成的遗传性状稳定、特征特性一致的品种，或亲本组合的最初一批种子。原种是指育种家种子繁育的第1～3代，或按原种生产技术规程生产的达到原种质量标准种子。良种是指用常规原种生产的第1～3代或杂交种达到良种质量标准的种子。

127.如何进行花生种子生产？

(1)选种与播种。花生在剥去种壳前，从网纹、荚果大小、内种皮颜色、荚果的弯腰、果嘴凹尖程度等方面对照其标准果型，剔除差异性较大的花生，剩余的花生选择晴天中午，在泥地上连续翻晒3～4天，晒种时不要压破果皮。

在播种前10天左右，开始剥壳。剥壳后，要进行2次选种，选种标准：花生米的颜色粉红色，内种皮细腻、光滑，籽粒椭圆形。针对这些特点，剔除长形、圆形以及其他颜色的花生米。机械播种时要清除播种箱里其他的花生种子，手动排种轮，将排种槽、下种器中的其他花生清理干净，保证播种时的花生纯度，降低物理混杂机会。

(2)田间选种。在花生的生长后期进行田间选种，将有差异的植株从繁殖田中剔除。收获时，要做到边收获、边选种。选种既要对照花生植株，又要对照荚果，同时进行。选出不符合特征特性的花生植株，连同荚果一起集中存放，最后作为杂果处理。

（3）收获晒干。田间选种结束后，将花生每 2 行在一起，平铺在花生垄上，根据天气情况，在地里连晒 4～5 天。期间在中午时，翻晒 2 次左右。摘下的荚果，及时清理出地膜、叶子、果柄、土坷垃等杂物，根据晒场的大小平摊，每间隔 30 分钟翻晒 1 次。晚上成堆，白天摊开，连续晒 4 天左右后，成堆堆放 2 天，期间不能用塑料布做苫布。2 天后再摊开晾晒，当水分达到 9%左右时，方可入库。

128. 如何进行花生种子提纯复壮？

（1）单株选择。花生收获时，选择具有原品种特征特性、丰产性好的典型优良单株，单株数量一般每种植 1 000 亩选 1 000 株左右为宜。当选单株要及时挂牌编号，充分晒干，分株挂藏或分袋保存。播种前再根据荚果饱满度、结果多少、种子形状和种皮色泽等典型性进行 1 次复选。

（2）株行圃。选择地势平坦、地力均匀、旱涝保收、无线虫病、不重茬的地块为株行圃。将上年当选的优良单株以单株为单位播种，每个单株播种1行，每9行或19行设1行原品种为对照行。行长6～10米，行距45厘米。以单株编号顺序排列。生育期间要做好鉴定、观察和记载。苗期观察记载出苗期和出苗整齐度；花针期观察记载株型、叶形、叶色、开花类型、分枝习性、抗旱性等；成熟期观察记载成熟早晚、抗病性、株丛高矮及是否表现一致等；收获期记载收获时间，先收淘汰行和对照行，后收初选行，同时观察记载初选行的丰产性、典型性和一致性，以及荚果形状、大小及其整齐度等性状。性状一致的株行可混合摘果，性状特别优良的株行可分别单独摘果装袋，标记株行号。收获后抓紧时间晒干，搞好种子储藏。

(3)原种圃。要选择中等肥力以上的沙壤土，施足基肥后作为原种圃。将上年度株行圃混收的种子，单粒播种，密度不宜过大，要按高产高倍方法繁殖原种。秋季适时收获，做好储藏，以供来年大田生产用种。

129.如何选留花生种子？

选用夏播或秋花生留种为好。因为夏、秋季花生较春花生病虫害少，结实率高，在收获时，天气晴朗，温度适中，便于晒种。而且储存时间较短，感病几率小。较春播种子过熟果少，含油率低，发芽率高。

要作留种的夏、秋季花生，注意加强管理，选择无病虫危害，植株生长强壮，高度适中，果多，粒饱粒重，双仁果多，大小均匀的单株。收刨花生时，要及时摘果晒果，如果摘晒不及时，一遇阴雨天就会捂垛、捂堆、捂种。种子一受捂发霉，花生就易得茎腐病。秕果、有损伤的果和捂果发芽率低，生活力弱，都不能作种，会造成花生严重减产。留种用的花生田，要适时早收、早摘、早晒，把种子的水分降到8%～10%。贮藏时也要防止受潮，要经常保持干燥。

130. 花生引种应注意哪些问题？

(1)首先要摸清所要引品种的特征特性与适应性能、抗逆性能、产量潜力以及品种原产地的生态环境和生产条件，如无霜期长短、有效积温等，与当地条件比较后，再确定是否引种。

(2)严格检疫。避免把本区域没有的病虫、杂草带进来，尤其是不能从茎腐病、青枯病发病严重的地区引种。因为这些病害非常容易通过种子传播。

(3)试验试种。引种后必须进行小面积试验试种，最好在引种范围内选择几个有代表性的地点同时进行，以便做出全面鉴定，较准确地评价引种利用价值，证明有增产效果后，才能大面积推广。在试种鉴定前，不可大调大运，盲目推广。

参 考 文 献

[1] 汤松，禹山林，廖伯寿，等. 我国花生产业现状、存在问题及发展对策. 花生学报，2010，39(3)：35-38.

[2] 董文召，汤丰收，陈欣勇. 我国花生栽培技术现状与展望. 农业科技通讯，2010，10：12-14.

[3] 廖伯寿. 花生市场与技术发展方向. 大名技术培训演示文稿，2009，4.

[4] 夏敬源. 加快花生高产高效技术生产技术集成与产业化推广. 中国农技推广，2011(3).

[5] 山东花生研究所. 海峡两岸花生学术研讨会论文集. 北京：中国农业科学技术出版社，2009.

[6] 山东花生研究所. 第五届全国花生学术研讨会论文集. 北京：中国农业科学技术出版社，2007.

[7] 廖伯寿，雷永. 花生优质高产新技术. 北京：中国科学技术出版社，2006，8.

[8] 曾英松，单世华. 花生优质高产栽培技术. 北京：中国农业出版社，2005，6.

[9] 禹山林，崔风高. 花生技术 100 问. 北京：中国农业出版社，2009，3.

[10] 王铭伦,王月福,姜德锋.花生标准化生产技术.北京:金盾出版社,2009.

[11] 张新友,汤丰收,董文召.优质花生高产栽培技术.郑州:中原农民出版社,2008.

[12] 孙彦浩,毛兴文.花生实用新技术.济南:山东科学技术出版社,1992.

[13] 万书波.花生品种改良与高产优质栽培.北京:中国农业出版社,2008.

[14] 王在序,盖树人.山东花生.上海:上海科学技术出版社,1992.

[15] 万书波.花生优质安全增效栽培理论与技术.北京:中国农业科技出版社,2009.

[16] 徐秀娟.中国花生病虫草鼠害.北京:中国农业出版社,2009.

[17] 万书波.花生品质学.北京:中国农业科技出版社,2007.

[18] 郑奕雄.南方花生产业技术学.广州:中山大学出版社,2009.

[19] 崔凤高.花生高产种植新技术.北京:金盾出版社,2009.

[20] 王铭伦.花生高产高效栽培技术.大名培训演示文稿,2009,4.

[21] 禹山林. 花生高产栽培技术. 南昌培训演示文稿,2010.

[22] 刘立峰. 花生高产栽培技术. 培训演示文稿,2010.

[23] 胡志超. 花生全程机械化概况与发展. 2011.9. 豆丁网.

[24] 张忠信,韩锁义,徐峥. 高油高产花生品种及应用前景. 种业导刊,2009.12.

[25] 欧阳玲花,冯健雄,闵华. 花生食品的研究开发现状及其进展. 江西农业学报,2010,22(12):113-116.

[26] Sun W M, Feng L N, Guo W, Liu D Q, Yang Z H, Liu L F, Ran L X and Meng Q F. First Report of Neocosmospora striata Causing Peanut Pod Rot in China. Plant Disease, 2012, 96(1):146.

[27] Sun W M, Feng L N, Guo W, Liu D Q, Li Y N and Ran L X. First Report of Peanut Pod Rot Caused by Neocosmospora vasinfecta in Northern China. Plant Disease, 2012, 96(3):455.